Die
Verwässerung von Erdölfeldern
ihre Ursachen und Bekämpfung

Von

Dr. phil. Walter Kauenhowen

Dipl. Bergingenieur, Mitarbeiter am Erdölforschungsinstitut
der Preuß. Bergakademie Clausthal, A. M. Inst. P. T.

Mit 54 Textabbildungen
und einem Anhang, enthaltend die wichtigsten
einschlägigen bergpolizeilichen Bestimmungen Polens
Rumäniens, Kaliforniens, Preußens und
Argentiniens

Berlin
Verlag von Julius Springer
1928

ISBN-13: 978-3-642-89932-4   e-ISBN-13: 978-3-642-91789-9
DOI: 10.1007/978-3-642-91789-9

Vorwort.

Die Verwässerung der Erdölfelder ist eine Lebensfrage der Erdölindustrie. Sie ist ein in technischer und wirtschaftlicher Hinsicht
gleich wichtiges und bedeutsames Problem. Dennoch sind die damit
zusammenhängenden Fragen weder in dem deutschen noch in dem
ausländischen Schrifttum bisher zusammenfassend dargestellt worden.

Die Ursachen hierfür sind verschiedener Art. Einerseits fängt man
erst im Laufe der letzten Jahre an, in die theoretische Seite dieses
Problems näher einzudringen und ihr die nötige Beachtung zu schenken.
Andererseits sind die in den einzelnen Ölfeldern der Erde entwickelten
Verfahren zur Bekämpfung von Verwässerungen je nach den örtlichen
Verhältnissen recht verschieden. Ein Austausch der in den einzelnen
Erdölfeldern in dieser Hinsicht gesammelten Erfahrungen kam jedoch
nicht immer zustande. Hierdurch und durch die Gewöhnung an das
Althergebrachte erklärt es sich, daß die in einem Lande gebräuchlichen
Wasserabsperrverfahren oder Erdöl-Bohrverfahren in einem anderen
Lande gänzlich unbekannt sind.

Die in U.S.-Amerika benutzten Zementierverfahren zur Wasser-
absperrung z. B. werden in Deutschland kaum angewendet. Die in
Deutschland und in den Balkanländern bei Ölbohrungen gebrauchten
Schnellschlagverfahren sind in U.S.-Amerika völlig unbekannt. Die
Kontrolle der Bohrungen durch Wasseranalysen, z. B. in Baku und Kali-
fornien überall mit Erfolg durchgeführt, steht in Rumänien und
Galizien kaum, in Deutschland überhaupt nicht in Anwendung. Diese
Beispiele ließen sich noch weiter vermehren.

Es erschien daher zweckmäßig, an Hand von Beispielen die Gefahren, Ursachen und die Maßnahmen zur Bekämpfung der Verwässerung von Ölfeldern einmal zusammenhängend darzustellen und hierbei
auf eine möglichst gleichmäßige Berücksichtigung der in den verschiedenen Ländern gesammelten Erfahrungen besonderen Wert zu
legen.

Neben den Beobachtungen, die der Verfasser auf mehrfachen Studien-
reisen in den rumänischen und deutschen Ölfeldern sammeln konnte,
war es daher notwendig, auch die in der sehr zerstreuten ausländischen
Fachliteratur über diesen Gegenstand geäußerten Anschauungen zu
sammeln und kritisch zu sichten. Es ist selbstverständlich, daß U.S.-
Amerika mit seiner führenden Erdölindustrie besonders eingehend hierbei berücksichtigt werden mußte.

Den folgenden Herren ist der Verfasser für die freundliche Erteilung verschiedenster Auskünfte zu lebhaftem Danke verpflichtet: Prof. v. Bielski in Boryslaw, Dipl.-Ing. Kalthoff in Comodorro Rivadavia, Dr. Krejci in Câmpina, Dipl.-Ing. Lindtrop in Grosny, Dir. Lufft in Braunschweig, s. Zt. in Tampico, Dir. Ottetelisianu in Moreni, Dir. Platz in Buenos Aires, Geh. Bergrat Scherer in Clausthal, Prof. W. Schulz in Clausthal, Dir. Strasser in Hannover, Dir. Wiechelt in Harburg.

Besonderen Dank schuldet ferner der Verfasser dem U.S. Bureau of Mines in Washington, das eine große Anzahl von Originalzeichnungen und Photographien zur Verfügung stellte und den Verfasser auch sonst in jeder Weise unterstützte. Ferner war das American Petroleum Institute in New York durch Überlassung von Literatur dem Verfasser behiflich.

Während der Drucklegung dieser Zeilen erschien im gleichen Verlage ein Buch von Schweiger über „Wassersperrarbeiten bei Bohrungen auf Erdöl". Da das Manuskript des vorliegenden Buches bereits abgeschlossen war, konnte jenes nicht mehr berücksichtigt werden.

Für Verbesserungsvorschläge, namentlich für die Ergänzung des bergpolizeilichen Teiles, ist der Verfasser jederzeit dankbar.

Berlin, im Dezember 1927.

W. Kauenhowen.

Inhaltsverzeichnis.

A. Begriff und Nachteile der Verwässerung.

Nahezu in allen Erdölfeldern der Welt treten wasserführende Schichten in engster Vergesellschaftung mit den Erdöllagern auf. Überall in der Welt werden die in der Tiefe ruhenden Erdölschätze durch Bohrlöcher von der Tagesoberfläche her aufgeschlossen und ausgebeutet. Durch diese Bohrlöcher werden künstliche Verbindungswege zwischen den Erdöl- und Wasserhorizonten hergestellt. Auf diesen so geschaffenen Bahnen vermag, den Gesetzen der Hydrostatik und -dynamik folgend, Wasser in die Erdölhorizonte einzudringen. Meist handelt es sich dabei um Salzwasser. Diesen Vorgang bezeichnen wir als Verwässerung (engl. flooding, franz. inondation).

Das Eindringen des Wassers in die erdölführende Schicht zieht verschiedene schwerwiegende Nachteile nach sich.

Ölsande sind in ihrer Zusammensetzung oft

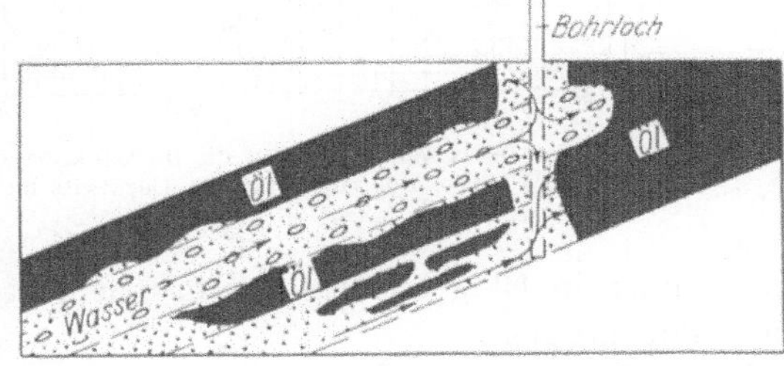

Abb. 1. Durch das eindringende Wasser wird das Erdöl nesterweise vom Wirkungsbereich der Bohrung abgeschlossen und zum Teil zurückgedrängt. Nach U. S. Bur. of Mines, Bull. 195.

nicht gleichmäßig, sondern von wechselnder Korngröße und wechselndem Gehalt an Bindemittel. Ihre Kapillarwirkung ist daher an verschiedenen Stellen verschieden groß. Das Wasser vermag so, bei seinem Eindringen in die Ölschicht, indem es den weniger verkitteten Sandpartien folgt, das schwerer bewegliche Öl nesterweise einzuschließen und vom Wirkungsbereiche der Bohrung abzusperren (Abb. 1). Auf diese Weise können beträchtliche Ölmengen im Untergrunde der Gewinnung verlorengehen.

In entsprechender Weise kann durch Wasser auch Erdgasen der Zutritt zum Bohrloch versperrt werden und es kann somit ein Verlust an Gas eintreten.

Dringt Wasser aus der Ölschicht in das Bohrloch ein, so müssen Wasser und Öl gemeinsam gefördert werden, wodurch höhere Förderkosten verursacht werden. In wie katastrophaler Weise sich oft ein solcher Wassereinbruch auf die Ölproduktion einer Bohrung auszuwirken vermag, zeigt Abb. 2.

Das mit Wasser vermengte Öl ist aber viel schwieriger zu verarbeiten, weshalb die Raffinerien es nur sehr ungern abnehmen oder bei bestimmtem Wassergehalt Abzüge machen.

Nicht immer lassen sich Öl und Wasser aus der geförderten Flüssigkeitsmenge leicht voneinander trennen. Häufig haben sich Emulsionen

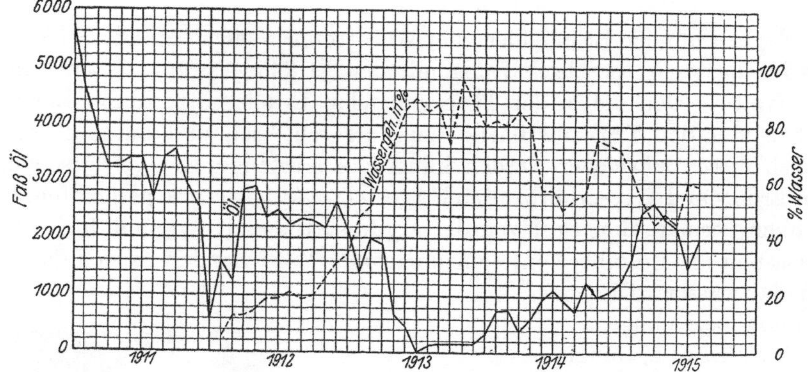

Abb. 2. Wirkung eines Wassereinbruches auf die Ölproduktion einer Bohrung. Nach U. S. Bur. of Mines, Bull. 195. Vgl. im Gegensatz hierzu Abb. 8.

von Wasser in Öl gebildet, die kostspieligere Entwässerungsanlagen notwendig machen.

Das mitgeförderte Salzwasser greift in starkem Maße die Bohrrohre, die Pumpen, das Gestänge, Tanks usw. an und verkürzt deren Lebensdauer.

Schließlich braucht sich der Verwässerungsvorgang nicht auf eine einzige Ölschicht zu beschränken, sondern kann mehrere Ölhorizonte und schließlich große, ausgedehnte Ölfelder betreffen. Da einmal eingetretene Verwässerungen im allgemeinen nur sehr schwer oder gar nicht wieder gut zu machen sind, das noch in der Erde ruhende Erdöl der betreffenden Lagerstätte sich in solchen Fällen aber nicht mehr zu gewinnen lohnt, so sind Verwässerungen von Erdölfeldern auch von größtem Schaden für die Allgemeinheit, denn ein wertvolles Gut wird auf diese Weise der Volkswirtschaft des betreffenden Landes entzogen.

Im weiteren Sinne haben wir daher jede durch das Eindringen von Wasser in die Erdöllagerstätte hervorgerufene Wertverminderung der Lagerstätte und Produktionsverteuerung zum Begriff der Verwässerung zu rechnen.

B. Beispiele für die Verwässerung von Ölfeldern.

a) Hannover.

Bei Ölheim, 7 km nördlich von Peine, waren seit langem natürliche Erdölausbisse in Gestalt von sog. „Teerkuhlen" bekannt. Nach vereinzelten Versuchen begann man 1881 mit dem Abteufen erfolgreicher Bohrungen. Innerhalb ganz kurzer Zeit wuchs dort eine ausgedehnte Erdölindustrie aus dem Boden. Wie die Förderlinie (Abb. 3) zeigt, folgte dem raschen Anwachsen der Erzeugung jedoch ein sehr schneller Abstieg. Während die Produktion anfangs infolge mehrerer Springer einen raschen Aufschwung nahm und 1885 mit 2620 t einen Höchstbetrag erreichte, sank die Erzeugung ständig sehr schnell, um 1893 nur noch 414 t zu betragen.

Im Jahre 1892 wurden nach Freystedt [9, S. 107][1] alle Pumpen eingestellt, „da das geförderte Öl nicht im Verhältnis stand zu den Unkosten, die namentlich die großen mitzufördernden Wassermengen verursachten. Der hohe Salzgehalt des Pumpwassers, bis zu $13^1/_2\%$, erforderte kostspielige Anlagen zu seiner Aufspeicherung in sog. Salzseen, deren Inhalt nur an bestimmten Tagen in das Schwarzwasser

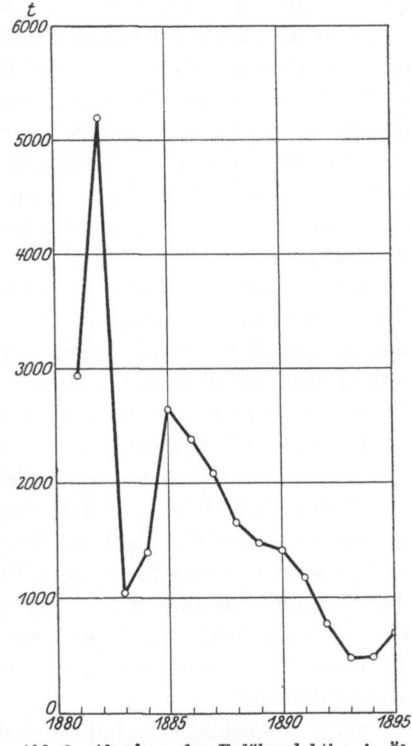

Abb. 3. Abnahme der Erdölproduktion in Ölheim bei Peine infolge von Verwässerung durch Raubbau.

(ein Bach in der Nähe von Ölheim) abgelassen werden durfte, während deren die Wiesen stundenweit bachabwärts durch die Wehre vor dem Eintritt des alles zerfressenden Wassers geschützt werden mußten. Die geförderten Salzwasser, welche in das Schwarzwasser geleitet waren, hatten weit hinab alle Wiesen zerstört und die Werke mußten vom Mai 1883 bis Januar 1884 stilliegen, auch die Anlieger mit hohen Summen abfinden. Erst als der Abfluß durch die schon oben erwähnten Einrichtungen geregelt war, konnte der Betrieb wieder auf-

---

[1] Die in Klammern gesetzten Ziffern beziehen sich auf die Literaturhinweise am Schluß.

genommen werden. Dieser Stillstand ist ein schwerer Schlag für die Ölindustrie gewesen; die meisten und besten Bohrlöcher waren inzwischen ersoffen; kein Pumpen konnte das Öl wieder zum Zufließen bringen. Andere konnten nur durch kostspielige Reparaturen wieder produktiv werden."

Aus dieser Darstellung geht einwandfrei hervor, wie sich bereits zwei Jahre (1883) nach der ersten Erschließung die Verwässerung in unheilvollster Weise auswirkt.

„Nur in Ausnahmefällen wurde das Öl wasserfrei gewonnen; die meisten Pumpen fördern neben Öl reichlich Wasser, und zwar salzhaltiges Wasser. Ein Bohrloch, das 10% Öl neben 90% Wasser fördert, gehört in Ölheim seit langem noch zu den besseren" [45, S. 81].

Das Auftreten von Salzwasser nahm man als eine gegebene Tatsache hin, ohne sich über deren Ursachen Rechenschaft zu geben. Freystedt und andere Autoren kennen den Ausdruck „Verwässerung" überhaupt nicht.

Röhrig [40] erkannte wohl als erster die durch die Verwässerung Ölheim drohenden Gefahren. Der Abstand der Bohrungen betrug oft nur 10 bis 20 m voneinander. Röhrig forderte auch als erster eine Verrohrung des Bohrloches durch wasserdichte, geschweißte Rohre an Stelle der damals fast allgemein gebräuchlichen durchlässigen Nietrohre.

Er war auch der erste, der gesetzliche Bestimmungen für die Erschließung von Ölfeldern für „sehr wünschenswert" hielt. Einmal, um der Feuergefahr in den Erdölbetrieben zu begegnen, dann aber „ganz besonders wegen der noch größeren Gefahr, welche das in die Bohrlöcher wegen mangelnden Abschlusses eindringende Tagewasser auf die Ölsande auszuüben vermag". Auch wies er schon darauf hin, daß es in Amerika „Regel und Bestimmung sei, den Zutritt des Tagewassers in Bohrlöchern durch wasserdichte Verrohrung tunlichst abzuschließen".

Seine Vorschläge verhallten jedoch ungehört. Erst über 20 Jahre später wurden für die Gewinnung und Aufsuchung von Erdöl im Oberbergamtsbezirk Clausthal besondere bergpolizeiliche Vorschriften erlassen. Inzwischen schritt die Verwässerung von Ölheim und die der anderen hannoverschen Ölfelder, so z. B. von Hänigsen, unaufhaltsam weiter fort.

In den Ölfeldern von Obershagen—Hänigsen bei Burgdorf wurden die ersten bedeutenderen Aufschlüsse 1907 gemacht. An diese schlossen sich in rascher Folge zahlreiche weitere produktive Bohrungen. Aber bereits 1910, also nach kaum 3 Jahren, machen sich Anzeichen von Verwässerung in so gefahrdrohender Weise bemerkbar, daß unter den Hänigser Erdölproduzenten eine Bewegung entsteht, die den Zusammenschluß der beteiligten Erdölbetriebe zum Zwecke gemeinsamer Abwehrmaßnahmen fordert [3, S. 208].

Es ist auffallend, daß die ersten Anzeichen stärkerer Verwässerung, sowohl in Hänigsen wie in Ölheim, sich nach dem gleichen Raum von 2 bis 3 Jahren seit der Erschließung bemerkbar machen. Die 1904 erlassene Bergpolizeiverordnung für den Oberbergamtsbezirk Clausthal hatte eine Verwässerung von Hänigsen sonach nicht verhindern können.

Unter den Erdölproduzenten herrschten jedoch auch völlig unklare Vorstellungen, ganz ähnlich wie im Falle Ölheim, über die Ursachen der Verwässerung. In einer Versammlung der Erdölproduzenten wurde „festgestellt", daß die Verwässerung der Bohrlöcher auf die ungünstigen Geländeverhältnisse zurückzuführen sei. Zur Abhilfe wurde die Vertiefung eine Chausseegrabens (!) beantragt, um das aus „nassen Niederungswiesen" bestehende Gelände zu entwässern.

Daß bei der Verwässerung von Ölfeldern tiefbohrtechnische, hydrologische und geologische Fragen ineinander eingreifen, war damals noch unbekannt.

In einem anderen Berichte vom Jahre 1910 heißt es [7]: „Mit dem Ausbeuten der einzelnen Felder im Ölgebiet Hänigsen-Obershagen greift fast durchweg eine erhebliche Verwässerung Platz". Es wird jedoch betont, daß über die Herkunft des Wassers keine Klarheit herrsche. Dagegen wird hier zum ersten Male darauf hingewiesen, daß besondere tiefbohrtechnische Verfahren zur Anwendung kommen müßten, wenn einer Verwässerung der Bohrlöcher vorgebeugt werden solle. Als geeignetes Verfahren wird das Einpressen der Verrohrung in Ton vorgeschlagen. Es sollen in einem Bohrloche mindesten zwei Absperrungen, eine unterhalb des Diluviums und eine oberhalb des Öllagers vorgenommen werden. Aber diese Hinweise nützten nichts.

Denn auch im Jahre 1913 betont George [11], daß in Wietze und ganz besonders aber in Hänigsen bereits mehrfach Verwässerungen beobachtet wurden. Er weist zum ersten Male für die niedersächsischen Ölfelder darauf hin, daß es nicht nur Wasserschichten im Hangenden, sondern auch im Liegenden des Öllagers sein können, die eine Verwässerung hervorrufen.

In dem weiter nördlich an Hänigsen-Obershagen sich anschließenden Felde von Nienhagen gehören die Wasserfragen auch heute noch zu den schwierigsten. Einige der mit so großem Erfolge 1924 und in den folgenden Jahren eruptiv fündig gewordenen Bohrungen haben bereits seit längerer Zeit mit starkem Wasserzufluß zu tun.

Bemerkenswert ist, daß aus dem Ölfelde von Oberg bei Gr. Ilsede bisher keinerlei Salzwasser bekannt geworden ist.

b) Tustanowice.

Eine der folgenschwersten Verwässerungen von Ölfeldern machte sich von Ende 1910 ab in dem galizischen Felde Tustanowice bei Boryslaw bemerkbar. Mit dem Beginn der Verwässerung setzte der allmähliche Untergang des Feldes ein. Tustanowice wurde vom Jahre 1901 ab in größerem Maßstabe erschlossen. Seine Produktion erreichte 1909 in stetig ansteigender Linie mit 175255 Zisternen ihren Höhepunkt. Im Jahre 1910, in dem sich die ersten Verwässerungen zeigten, wurden nur noch 141939 Zisternen gefördert. Die Erzeugung fällt von da ab nahezu auf nur 17401 Zisternen im Jahre 1921.

Dieser Produktionsabfall ist nicht auf eine Abnahme in der Zahl der ausgebeuteten Bohrlöcher zurückzuführen, sondern tatsächlich auf eine laufende Abnahme der durchschnittlichen Ertragsfähigkeit je Bohrloch. Im Jahre 1908 wurden z. B. aus 148 produzierenden Bohrungen 130376 Zisternen gewonnen, im Jahre 1923 aus 150 produ-

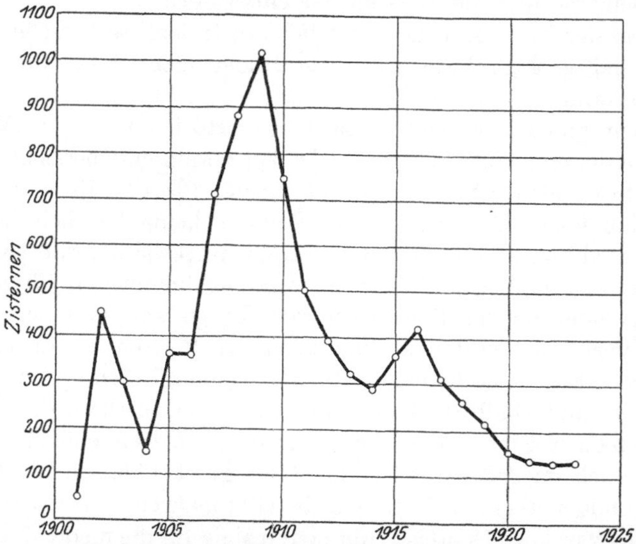

Abb. 4. Durchschnittliche Erdölgewinnung je Bohrloch und Jahr in Tustanowice zur Veranschaulchung des plötzlichen, durch Verwässerung hervorgerufenen Produktionsabfalles. Nach Pfaff.

zierenden Bohrungen, also aus einer noch etwas größeren Zahl, nur 20057 Zisternen.

Trägt man die durchschnittliche jährliche Erzeugung je Bohrloch als Kurve auf, so ergibt sich Abb. 4. Man sieht deutlich, wie im Jahre 1909 der Höhepunkt der Ertragsfähigkeit je Bohrloch erreicht ist, um von da ab fast ununterbrochen zu fallen.

Für Tustanowice darf man nach Pfaff [35] als Rentabilitätsgrenze Bohrungen mit mindestens 180 Zisternen Jahresförderung ansehen. Es ergibt sich aus den Mitteilungen von Pfaff [35, S. 13], daß in den Jahren um 1923 herum „nur noch 20% aller fördernden Bohrungen wirtschaftlich waren und diese rund 65% der Gesamtförderung lieferten. Es sind also 80% aller Bohrungen unrentabel und 35% der geförderten Erdölmenge vermögen ihre Produktionskosten nicht mehr zu decken".

Aus diesen Zahlen geht klar die große Bedeutung hervor, die dem Produktionsabfall infolge der immer weiter um sich greifenden Verwässerung beizumessen ist.

Daß es sich hier nicht um eine allmähliche Erschöpfung der Lagerstätte handelt, sondern um einen gewaltsamen Eingriff in die Produktionsbedingungen, ergibt sich aus folgendem. Der prozentuale Anteil derjenigen Bohrungen mit mehr als 3600 Zisternen, also mit sehr guter Jahresproduktion, an der Gesamtzahl aller Bohrungen in Tustanowice betrug nach Pfaff [35, S. 53]:

i. J.:	1907	1908	1909	1910	1911	1912	1913	1914	1915	1916
%	3,0	3,4	6,5	3,6	0,4	0,5	—	0,5	—	0,9

folgende Jahre: 0%.

Man sieht deutlich, wie im Jahre 1910 beginnend, die Produktion der großen Brunnen ganz plötzlich gewaltsam abgeschnürt wird. Bei einer natürlichen Erschöpfung der Lagerstätte müßte sich hier eine stetige Abnahme des prozentualen Anteiles bemerkbar machen.

Das Ergebnis der Verwässerung von Tustanowice war, daß die amtlichen Vorschriften ·über Wassersperrung (s. Anlage) eine Verschärfung erfuhren, und das eine geologische Station zur dauernden Kontrolle der Bohrungen errichtet wurde.

Die Ursachen der Verwässerung von Tustanowice sind nach Noth [32] in zu geringem Bohrlochabstand und in der dadurch hervorgerufenen, schnellen Verminderung des Gasdruckes zu suchen. Der geringe Bohrlochabstand und der raubbauähnliche Charakter der Gewinnung wird wiederum durch die große Zersplitterung des Felderbesitzes in kleine und kleinste Parzellen infolge Herausnahme der Bitumengewinnung aus dem Bergregal im Jahre 1884 erklärlich.

Gegen die einmal eingetretene Verwässerung erwiesen sich alle Hilfsmittel als machtlos. Noch heute sind große Teile von Tustanowice verwässert, wie die Karte von Bruderer und Trnobranski [6] zeigt. Nur gelegentlich war es möglich, durch anhaltendes Pumpen das Öl wieder zum Fließen zu bringen, welches durch das eingedrungene Wasser in einzelne voneinander getrennte Nester isoliert war.

c) Mexiko.

Ganz ähnliche Erscheinungen sind auf den mexikanischen Erdölfeldern zu beobachten. Aus zwei getrennten Gebieten wird dort im wesentlichen Erdöl gefördert: Aus dem sog. Nordfeld, westlich Tampico gelegen, das sich aus den Einzelfeldern Topila, Panuco, Cacaolilao und Ebano zusammensetzt. Das Nordfeld liefert hauptsächlich Schweröl. Von ihm aus hat die mexikanische Erdölindustrie ihren Ursprung genommen. Im Gegensatz dazu steht das sog. Südfeld, das Leichtöl fördert. Das Südfeld stellt einen 60 km langen, 1 km breiten

ten Streifen dar, die golden lane genannt, der sich von Dos Bocas im Norden bis Alamo am Tuxpamfluß hinzieht. Auf diesem schmalen Streifen wurden die ertragreichsten und größten Ölbrunnen der Welt erbohrt.

Im Jahre 1908 wurden im Südfeld die Riesenspringer Dos Bocas mit 100000 Faß täglicher Produktion fündig, 1910 die großen Springer Juan Casiano Nr. 7 mit täglich 22000 Faß, Potrero del Llano Nr. 4 mit 100000 Faß und 1916 der größte Ölsspringer der Welt Cerro Azul Nr. 4 mit 260000 Faß täglicher Leistung. Die Größe der Produktion

Abb. 5. Mit warmem Salzwasser gefüllter „Krater" des Dos Bocas-Brunnens in Mexiko. Von Westen gesehen. Nach Blumer. W. Staub u. Muir phot.

dieser Bohrungen stand jedoch in umgekehrtem Verhältnis zu ihrer Lebensdauer. Die Brunnen Potrero del Llano wären im Dezember 1918 (also nach 8 Jahren) und Juan Casiano im November 1919 erschöpft und ergaben Salzwasser [43]. Dos Bocas eruptierte so heftig, daß sich die Produktion nicht kontrollieren ließ. Das Gestänge, einschließlich Verrohrung, wurde ausgeschleudert und innerhalb weniger Wochen folgten riesige Salzwassermengen dem Ölausbruch. Diese füllten einen ausgedehnten See, der sich kraterförmig bei der Eruption um die Bohrlochsmündung herumgebildet hatte (Abb. 5 u. 5a).

Das in vollkommen überraschender Weise in die Bohrlöcher eingedrungene Salzwasser machte sich sehr bald auch in anderen Brunnen bemerkbar, wie überhaupt die Plötzlichkeit des Auftretens von Salzwasser für die Verwässerungserscheinungen in mexikanischen Ölfeldern kennzeichnend ist.

Die Verwässerungen so ertragsreicher Gebiete konnten nicht ohne Einfluß auf die Gesamtproduktion der Felder bleiben. So sehen wir denn die Südfelder im Jahre 1922 mit 138,2 Millionen Faß auf dem Höhepunkt ihrer Leistungsfähigkeit. Im folgenden Jahre ist die Produktion dort bereits um 50% gesunken, um 1924 noch weiter zu fallen. Diese Verringerung der Produktion mag neben der Verwässerung zwar auch anderen Einflüssen wie freiwilligen Produktionseinschränkungen der Gesellschaften ihr Dasein verdanken. Sie steht jedoch in deutlichem Gegensatz zu der stetig steigenden Produktionsziffer der Nordfelder in den gleichen Jahren.

Abb. 5a. Westrand des Dos Bocas-Kraters. Von Süden gesehen. Nach Blumer. W. Staub u. Muir phot.

Erdölproduktion Mexikos in Millionen Faß.

i. J.	1914	1917	1919	1920	1921	1922	1923	1924
				Südfelder:				
	19,8	38,3	76,7	120,1	133,6	138,2	63,4	38,6
				Nordfelder:				
	6,8	16,4	20,2	42,9	43,8	46,8	88,4	100,5

Das ist ein Zeichen dafür, daß die Gesellschaften sich mit neuem Eifer der Erschließung der Nordfelder zuwandten. Unter dem Druck der immer schädlichere Folgen nach sich ziehenden Verwässerung des Südfeldes war die Erdölindustrie tatsächlich gezwungen, durch kostspielige Untersuchungsarbeiten neue Ölfelder aufzusuchen. Sie fand diese nur teilweise in neuen Lagerstätten des Nordfeldes, also in einem von der bisherigen Produktionsgrundlage weit entfernten Gebiete, so daß die Umstellung nur mit einem erheblichen Kostenaufwande zu erzielen war.

Zu welchen wirtschaftlichen Schwierigkeiten die Verwässerung der Südfelder führte, geht z. B. auch aus folgendem hervor. Die Aquila-Gesellschaft, deren Lagerstätten durch die Verwässerung der Amatlan- und Zacamixtle-Felder stark gelitten hatte, war gezwungen, kalifornisches Erdöl einzuführen, um ihren Lieferungsverpflichtungen zu genügen[1].

Der in der Erdölgewinnung Mexikos in den letzten Jahren in Erscheinung getretene nicht erhebliche Rückgang dürfte neben den dortigen schwierigen politischen Verhältnissen zum Teil sicher mit auf diese Verwässerungen zurückzuführen sein. Denn diese haben sich nicht nur auf die Südfelder beschränkt, sondern 1924 schließlich auch große Teile des Cacalilao-Feldes ergriffen. Wunstorf[2] sieht die Ursachen dieser Verwässerung in einer raubbauähnlichen, zu stark gesteigerten Erzeugung innerhalb eines jeweils kleinen Gebietes.

d) U.S.Amerika.

Auch aus Nordamerika sind zahlreiche Beispiele von Verwässerungen bekannt. Im Jahre 1920 und 1921 wurden in den Midcontinent- und Goldküstenfeldern mehr als 100 Millionen Faß Emulsionen von Wasser in Öl gefördert. Die Hälfte dieser Menge wurde durch besondere Verfahren entwässert, während die andere Hälfte des Öles im Werte von etwa 100 Millionen Dollar verloren ging [46, S. 109].

In Kalifornien ist ein Wassergehalt des Öles von 10 bis 20% nichts Ungewöhnliches bei einer täglichen Flüssigkeitsförderung von einigen Faß je Bohrloch. Unangenehm und zu Bedenken Anlaß gebend wird es jedoch, wenn bei gleicher Flüssigkeitsmenge 80 bis 90% Wasser in der Förderung enthalten sind.

Eine amtliche Statistik stellte fest, daß von 450 Bohrungen im Coalinga-Felde in Kalifornien 21% der Bohrlöcher von 10 bis 50% Wasser lieferten, während 4,4% über 50% Wasser ergaben.

Name des Ölfeldes	Zahl d. förd. Bohrlöcher	Gesamtflüssigkeit in Faß	Geförderdes Öl in Faß	Gefördertes Wasser in Faß	Zahl der Bohrungen mal Arbeitstag	Geförderte Menge je Bohrung und Arbeitstag			
						Öl		Wasser	
						in Faß	in %	in Faß	in %
Los Angeles Basin . .	2071	121 993 156	117 835 898	4 157 258	345 215	34,1	96,6	12,0	3,4
Kern River	2041	20 652 122	3 045 871	17 606 251	348 762	8,7	14,7	50,5	85,3
Midway-Sunset . . .	2136	20 233 558	13 306 250	6 927 308	363 333	38,6	65,8	19,1	34,2
Coalinga	711	4 299 981	2 648 673	1 651 308	118 037	22,4	61,6	14,0	38,4
Summerland	134	314 250	26 100	288 150	22 305	1,2	8,3	12,9	91,7
Kalifornien, 1. Halbjahr 1924.	10 299	163 312 000	116 743 000	46 569 000	1 717 396	68,0	71,5	27,1	28,5

[1] Lagerstättenchronik der Pr. Geolog. Landesanstalt Bd. 10, S. 94. 1923.
[2] Ebenda, Bd. 8, S. 66. 1921.

Einen Überblick über den Zustand der kalifornischen Ölfelder vom 1. Juli bis 31. Dezember 1923 und die Stärke ihrer Verwässerung gibt vorstehende Darstellung nach Thompson [48]. Zum Vergleich sind ferner die Zahlen für ganz Kalifornien im ersten Halbjahr 1924 mitgeteilt.

Die Tabelle zeigt deutlich das hohe Maß der Verwässerung im Kern River und Summerland-Feld im Vergleich zu den wesentlich geringeren Verwässerungen in den übrigen Feldern.

Die genannten Beispiele ließen sich noch um zahlreiche weitere vermehren.

C. Die hydrologischen Verhältnisse in Ölfeldern.

Das mit den Erdöllagern gemeinsam auftretende Wasser pflegt stets Salzwasser zu sein. Seine Zusammensetzung und der Grad seiner Sättigung ist jedoch erheblichen Schwankungen unterworfen.

a) Herkunft des Salzwassers.

Über die Herkunft und Entstehung dieses Salzwassers sind die Ansichten bisher keineswegs geklärt.

Von amerikanischer Seite wird hauptsächlich der Standpunkt vertreten, daß es sich um „fossiles Meerwasser" handele; d. h. um Meerwasser, das bei der Sedimentation in die Poren des auf dem Meeresboden sich bildenden Gesteines eingeschlossen worden sei.

Hiergegen ist zu sagen, daß man ausgedehnte Gebiete zweifellos mariner Gesteine kennt, in denen kein Salzwasser eingeschlossen ist. Es ist daher nicht einzusehen, warum dies nur gerade in den Gebieten der Öllagerstätten der Fall sein sollte. Salzwasser aus Erdölfeldern enthalten oft recht beträchtliche Mengen Jod, während dieses Element im Meerwasser nur in ganz geringfügigen Spuren vorkommt. Auch ist die Konzentration der im Bereiche der Öllagerstätten auftretenden Salzwässer häufig eine ganz andere als die des Meerwassers.

Das Salzwasser der Erdöllagerstätten müßte daher zum mindesten nachträglich durch chemische Vorgänge stark verändertes Meerwasser sein. Der Jodgehalt könnte z. B. durch organische Reste, wie Tange und tierische Substanzen seine Erklärung finden, die in die salzwasserführende Schichtenfolge eingebettet wurden. Tange enthalten in frischem Zustande bis 12 g Jod je Tonne; trockene Badeschwämme weisen 15 bis 16 g Jod je kg in Form von Jodospongin auf. Es würden unter diesen Umständen die Salzwässer gewissermaßen ein Nebenprodukt der Erdölbildung bedeuten, eine Anschauung, die von manchen rumänischen Geologen geteilt wird.

Schließlich könnte man die Salzwässer auch mit den in der Nachbarschaft von Erdöllagern häufig auftretenden Salzlagern in Zusammenhang bringen und sie als Laugen auffassen, die aus diesen Salzlagerstätten ihren Salzgehalt beziehen. Namentlich bei den nordwestdeutschen, rumänischen und Golfküstenöllagern, die in der Umrandung von Salzdomen auftreten, wäre dies denkbar.

Zur Klärung dieser Verhältnisse müßten zahlreiche Analysen von Salzwässern vorgenommen werden, deren Proben in verschiedenem Abstande vom Rande der Salzstöcke und aus den verschiedensten Teufen stammen, um über das Vorhandensein irgendwelcher Gesetzmäßigkeiten im Auftreten der Salzwässer etwas aussagen zu können. Vorläufig fehlt es jedoch noch an genügendem Vergleichsmaterial, so daß wir über die Entstehung der Salzwässer nur die oben angedeuteten Mutmaßungen äußern können.

b) Einteilung der Wasser in Ölfeldern.

In Ölfeldern haben wir es in erster Linie mit Wasser zu tun, das sich zwischen undurchlässigen Gesteinen in porösen, sandigen Schichten als „Schichtwasser" findet. Abb. 6 zeigt einen schematischen Schnitt durch eine öl- und wasserführende Schichtenfolge. Die wasserführenden Schichten, die im Hangenden der Öllager auftreten, werden als Hangendwasser, die im Liegenden der Ölhorizonte als Liegendwasser bezeichnet. Wasser zwischen den ölführenden Schichten heißt Zwischenwasser, das in einer ölführen-

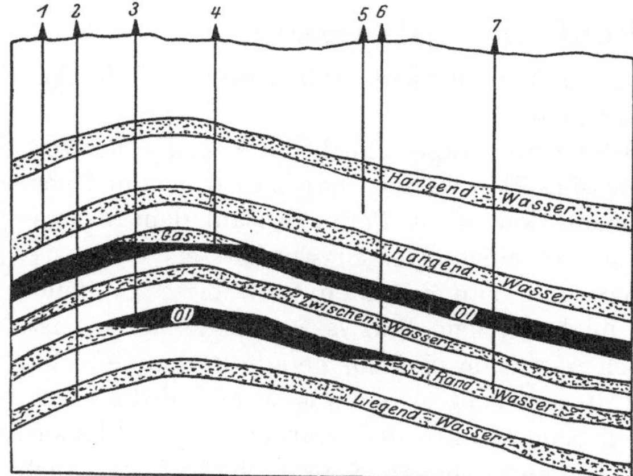

Abb. 6. Schematischer Schnitt durch eine Öl und Wasser führende Schichtenfolge mit Bezeichnung der verschiedenen Wasserarten.

genden der Ölhorizonte als Liegendwasser bezeichnet. Wasser zwischen den ölführenden Schichten heißt Zwischenwasser, das in einer ölführen-

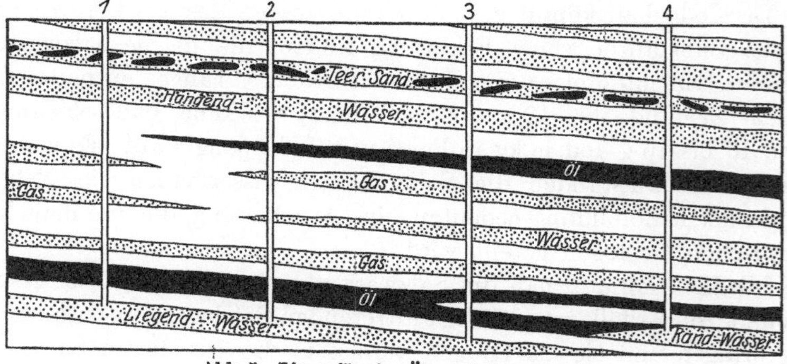

Abb. 7. Linsenförmige Öl- und Wassersande.

den Schicht in deren tektonisch tieferen Teilen auftretende Wasser heißt Randwasser.

Besitzen die öl- und wasserführenden Schichten nur eine verhältnismäßig geringe seitliche Ausdehnung, so nehmen sie linsenförmigen Charakter an wie in Abb. 7.

Am gefährlichsten, aber auch am wirksamsten zu bekämpfen, sind Hangend- und Liegendwasser. Gegen das Eindringen von Randwasser gibt es kein Mittel, da es sich hier um eine natürliche Erschöpfung der Lagerstätte handelt. Das Eintreten der Erschöpfung kann jedoch bei vorsichtigem Abbau weit hinaus geschoben werden.

c) Ermittlung der Wasserhorizonte.

Die wasserführenden Schichten liegen in der Regel nicht horizontal, sondern sie sind aus tektonischen Ursachen häufig geneigt oder gefaltet. An Stellen, die tiefer liegen als der höchste Punkt der wasserführenden Schicht, stehen diese unter hydrostatischem Druck. Wird die Schicht durchbohrt, so tritt Wasser aus ihr in das Bohrloch. Es wird im Bohrloch so hoch steigen, bis ein Druckausgleich zwischen der Wassersäule im Bohrloch und der wasserführenden Schicht herbeigeführt ist. Beide wirken als kommunizierende Röhren, in denen sich die Wasserspiegel schließlich auf die gleiche Höhe einstellen. Umgekehrt wird die Wassersäule im Bohrloch sich senken, wenn von der Bohrung Schichten mit geringerem hydrostatischen Niveau als dem des Bohrloches angeschnitten werden. Dauernde Beobachtung des Wasserspiegels in einem Bohrloche während des Bohrens ist daher ein Haupterfordernis, um sich über die Bedeutung der durchfahrenen Wasserschichten Klarheit zu verschaffen. Es ist selbstverständlich, daß die genaue geologische Untersuchung der durchbohrten Schichten und ihr Vergleich mit den Profilen benachbarter Bohrungen und mit deren Bohrberichten ebenfalls wertvolle Aufschlüsse über die Wasserführung des Ölfeldes zu geben vermag.

d) Beobachtung der Wassermengen.

Ein sehr wesentliches Hilfsmittel, um sich über die Wasserverhältnisse eines Ölfeldes klar zu werden, ist ferner die ständige Beobachtung der geförderten Öl- bzw. Wassermengen. Wo freies Wasser und auch Emulsionen auftreten, sollte beides getrennt gemessen oder geschätzt werden. Der Wassergehalt der Emulsionen kann dabei durch Zentrifugen ermittelt werden. Wo dauernde absolute Wassermengenbestimmungen zu umständlich oder zu teuer sind, sollten wenigstens in regelmäßigen Abständen Proben aus den Tanks entnommen und deren Wassergehalt bestimmt werden.

Das Verhältnis zwischen der geförderten Öl- und Wassermenge kann ein ganz verschiedenes sein.

Aus dem Luling-Felde in Texas erwähnt Wagener, daß nach einjähriger Produktionsdauer der Gehalt der geförderten Flüssigkeit an Wasser und „B.S." (Bottom Settlement = Emulsionen) zwischen 25 und 90% schwankte. Dies veranschaulicht folgende Tabelle:

Zahl der Bohrungen je Gruppe	Flüssigkeitsmenge in Faß	Ölmenge in Faß	Wasser und B.S. in Faß	% B.S. und Wasser
24	16700	6552	10700	63
14	32000	8020	24060	75
11	7860	4717	3143	40
6	5857	1757	4100	63
4	7750	1550	6200	80
10	4642	2321	2321	50
9	2420	6605	1815	75
13	3652	1461	2191	60

Abb. 8 zeigt die monatliche Darstellung der Wasser- und Ölförderung eines Feldes im Verlaufe von drei Jahren. Beide Kurven

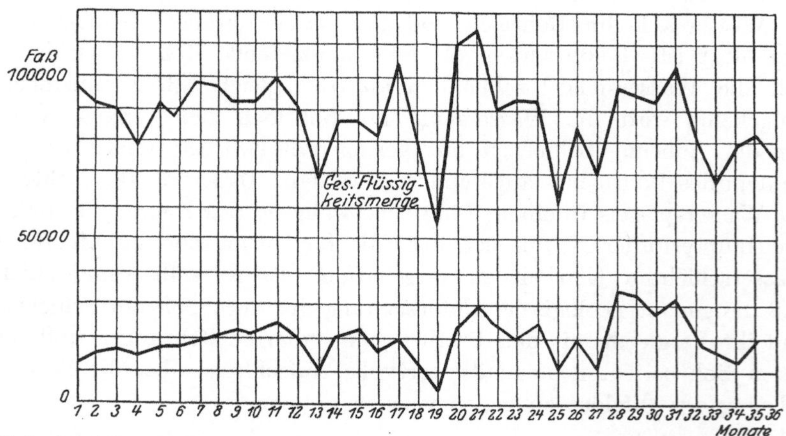

Abb. 8. Darstellung der in einem Ölfelde monatlich geförderten gesamten Flüssigkeitsmenge (oben) und Wassermenge (unten). Im Gegensatz zu Abb. 2 liegt keine unmittelbare Verwässerungsgefahr vor. Nach Thompson.

laufen in diesem Falle annähernd parallel. Mit fallender Ölproduktion zeigte sich keine Steigerung der Wasserproduktion, ganz im Gegensatz z. B. zur Abb. 2. Es lag demnach trotz des geförderten Wassers nicht die unmittelbare Gefahr einer nachteiligen Verwässerung vor.

Der Öl- und Wassergehalt, der aus den einzelnen Bohrungen geförderten Flüssigkeitsmengen kann in der Weise graphisch aufgezeichnet werden, wie es Abb. 9 nach Tough [49, S. 11] zeigt. Aus der Darstellung geht ohne weiteres hervor, daß in einer Gruppe benachbarter

Brunnen Wasser zuerst in den Brunnen 1 C und 3 B aufgetreten ist.
In 1 C war der Wassereinbruch jedoch ein so plötzlicher und starker,
daß diese Bohrung wohl für die Verwässerung des ganzen Feldesteiles

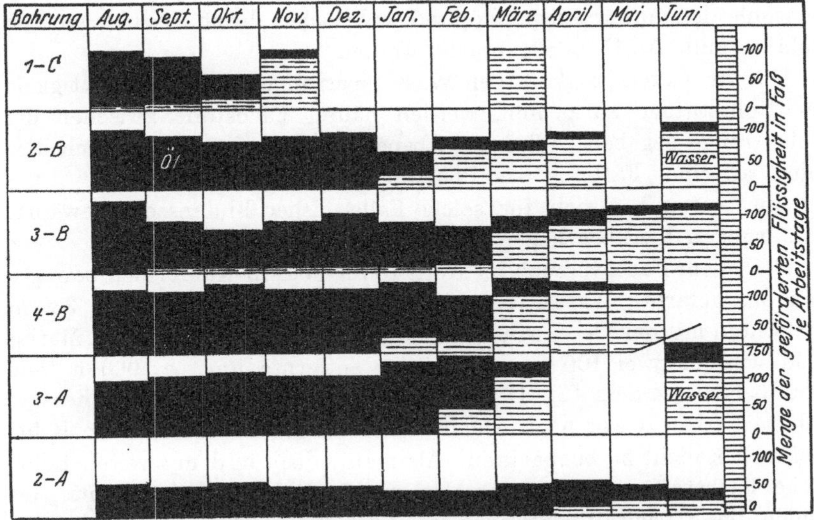

Abb. 9.   Graphische Darstellung der aus verschiedenen Bohrlöchern monatlich geförderten Öl-
und Wassermengen.   Nach U. S. Bur. of Mines, Bull. 163.

verantwortlich sein dürfte. So können aus der graphischen Auswertung
sorgfältiger Messungen wichtige Schlüsse gezogen werden. Um klar
zu stellen, inwieweit ein Zusammenhang zwischen der Verwässerung
benachbarter Ölbohrungen besteht, können Färbeversuche unter-
nommen werden.

e) Anwendung von Farbstoffen zur Feststellung von Wasserbewegungen.

Unter Umständen kann mit Hilfe von Färbeversuchen die ganze
Ausdehnung wasserführender Linsen gut ermittelt werden. Es sind
für diese Zwecke sowohl organische Farbstoffe wie Fluoreszein, Eosin,
Methylenblau, Magenta, Kongorot, anorganische Farbstoffe wie Kalium-
bichromat, venetianisch Rot und schließlich auch farblose Salze wie
Kochsalz, Lithiumchlorid u. a. benutzt werden.

Der Erfolg dieser Färbeversuche war nicht immer eindeutig. Häufig
ließ sich in dem zweiten Bohrloch, in dem der Farbstoff erwartet wurde,
dieser nicht feststellen. Dies kann sowohl durch das Fehlen einer unterirdischen Verbindung begründet sein, aber auch durch eine Zersetzung
des Farbstoffes. Die feinen Sande und Tone können hier u. U. eine
absorbierende Filterwirkung ausüben, so daß der Farbstoff selbst nicht

weit über den Umkreis der Bohrung hinausdringt, in die er eingebracht wurde.

Das Einbringen in das Bohrloch geschieht in der Weise, daß mittels eines Glasbehälters mehrere Kilogramm der Farblösung auf der Bohrlochsohle des vorher ausgeschöpften Bohrloches durch Zerschlagen des Gefäßes zum Ausfließen gebracht werden.

Um die Zuverlässigkeit von Wassersperrungen oder die Dichtigkeit der Rohrstränge zu prüfen, werden häufig Farbstoffe zwischen die Rohrstränge gegeben. Wird die Absperrung undicht, so gibt sich dies sofort an einer Färbung des Bohrwassers zu erkennen.

Am besten hat sich für solche Fälle bisher Fluoreszein bewährt. Erfahrungen hierüber liegen aus kalifornischen Ölfeldern vor.

Bei einem Färbeversuch im Kern River-Feld in Kalifornien bewegte sich das gefärbte Wasser von einem Bohrloch zu einem etwa 330 m entfernten mit der Geschwindigkeit eines Fußgängers. Im Santa Maria-Feld wurden zwei 100 m voneinander entfernte und ca. 900 m tiefe Bohrlöcher untersucht. Der auf die Sohle des einen Bohrloches gegebene Farbstoff war nach Ablauf von 10 Tagen in dem zweiten Bohrloche noch nicht zu beobachten. Als man jedoch in dem zweiten Bohrloche Farbstoff um die wasserabsperrende Rohrkolonne verteilte, erschien dieser nach drei Stunden im ersten Bohrloche. Es war dies ein Beweis dafür, daß die Verrohrung im zweiten Bohrloche undicht war, was später bestätigt wurde. Im Midway-Feld erschien der Farbstoff in einem 300 m entfernten Bohrloche bereits nach $3^1/_4$ Stunden. In zahlreichen anderen Fällen blieben jedoch Färbeversuche ohne Erfolg. Die Frage nach dem etwaigen unterirdischen Zusammenhang wasserführender Ölbrunnen war dann weder im bejahenden noch im verneinenden Sinne entschieden, sondern mußte ungewiß bleiben.

Ein viel sichereres Verfahren zur Kennzeichnung verschiedener Wasserhorizonte bietet die chemische Analyse der Salzwässer.

f) Chemische Zusammensetzung der Salzwässer in Erdölfeldern.

Die in den Salzwässern der Ölfelder enthaltenen Salze schwanken ihrer Menge nach sehr wesentlich. Man kennt alle Übergänge von kaum salzig schmeckendem Wasser bis zu gesättigten Laugen. Für Salzwässer in hannoverschen Ölfeldern wies Kauenhowen [19] einen Gehalt von 12 bis 253 g fester Bestandteile je Liter nach. Für rumänische Salzwässer gibt Mrazec 150 bis 200 g je Liter als Durchschnitt an. Normalerweise nimmt die Konzentration mit größerer Tiefe zu.

Unter den gelösten Stoffen sind fast stets die Kationen Na, K, Mg, Ca und die Anionen Cl, J, HCO_3, HS und SO_4 zu beobachten. Mit Annäherung an die Erdöllagerstätte nimmt der SO_4-Gehalt ab und der

Karbonatgehalt zu. Der Mangel an Sulfaten ist, wie Höfer zuerst festgestellt hat, ein sehr wesentliches Kennzeichen der Erdölwässer. Der Sulfatmangel wird gewöhnlich erklärt durch reduzierende Wirkung der Kohlenwasserstoffe des Erdöles. Hierbei wird Kohlensäure frei:

$$RSO_4 + CH_4 = RS + CO_2 + 2\,H_2O$$
$$RS\ \ \ + H_2O + CO_2 = RCO_3 + H_2S.$$

Doch können Analysen von Salzwässern verschiedener Konzentration nicht ohne weiteres miteinander verglichen werden. Hierzu ist erforderlich, die Gewichtangaben für die verschiedenen Ionen von mg je Liter in prozentuale Milligrammäquivalente umzurechnen. Man erhält auf diese Weise die sogenannten Reaktionswerte. Mit ihrer Hilfe ist es dann möglich, die Salzwässer zahlenmäßig einzuteilen. Diese chemische Klassifizierung der Salzwässer in Ölfeldern geht auf Chase Palmer zurück. An anderer Stelle hat Kauenhowen ausführlich darüber berichtet [18].

Palmer benutzt die sogenannten Reaktionseigenschaften zur Kennzeichnung der natürlichen Wässer, d. h. ihre Alkalität, ihren Salzgehalt, ihre temporäre und bleibende Härte. Um auch hierbei zu zahlenmäßigen und damit vergleichbaren Werten zu kommen, baut er auf den basischen und sauren Radikalgruppen der Salzwässer auf.

Der Salzgehalt der Lösung wird verursacht durch die starken Säuren, die Alkalität durch die schwachen (infolge ihrer hydrolytischen Spaltung). Die Eigenschaften, die durch Alkalien hervorgerufen werden, bezeichnet er als primäre, die durch Erdalkalien veranlaßten als sekundäre.

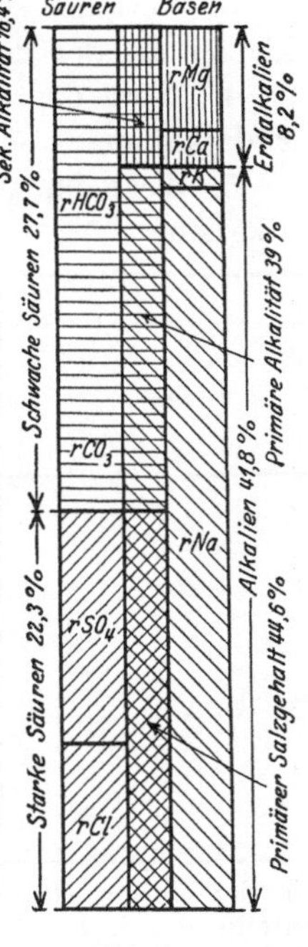

Abb. 9 a.

Das Gleichgewicht zwischen Alkalien und starken Säuren (man beachte die mittlere Spalte und die Schraffuren in Abb. 9a) wird demnach als primärer Salzgehalt, das Gleichgewicht zwischen den Erdalkalien und den schwachen Säuren als sekundäre Alkalität bezeichnet. Dieser Ausdruck ist gleichbedeutend mit „temporärer Härte" des Wassers. Wenn der Prozentgehalt der starken Säuren den der Alkalien übertrifft, so muß das Übermaß durch die Erdalkalien ausgeglichen werden. Dieser Ausgleich wird entsprechend mit sekundärem Salzgehalt oder bleibender Härte bezeichnet. Übertreffen nun andererseits die Alkalien die starken Säuren (wie in Abb. 9a), so wird der Alkalienüberschuß gegen die schwachen Säuren ausgeglichen und dieser Ausgleich wird als primäre Alkalität bezeichnet. Es ist klar, daß die beiden zuletzt genannten Eigenschaften einander ausschließen müssen.

Alle in Ölfeldern auftretenden Wasserarten sind durch primären Salzgehalt und sekundäre Alkalität sowie durch entweder primäre Alkalität oder sekundären Salzgehalt gekennzeichnet.

Auf Grund dieser Überlegungen hat Palmer folgende Klassen von Salzwässern geschaffen:

1. Wert der starken Säuren geringer als der der Alkalien.

2. Wert der starken Säuren gleich dem der Alkalien.

3. Wert der starken Säuren größer als der Wert der Alkalien, aber kleiner als der der Alkalien plus Erdalkalien.

4. Wert der starken Säuren gleich dem Wert der Alkalien plus Erdalkalien.

5. Wert der starken Säuren größer als der der Alkalien plus Erdalkalien.

Ionen	Probe 1		Probe 2		Probe 3		Probe 4	
	mg je Liter	mg-Äquivalente in Proz.	mg je Liter	mg-Äquivalente in Proz.	mg je Liter	mg-Äquivalente in Proz.	mg je Liter	mg-Äquivalente in Proz.
SO_4^{--}	20	0,098	—	—	—	—	640	0,163
Cl^-	7500	49,90	16740	50,00	54504,0	49,90	144200	49,80
Br^-	Sp.	—	—	—	85,0	0,034	300	0,046
J^-	—	—	—	—	3,1	0,0008	—	—
NO_3^-	—	—	—	—	—	—	—	—
S^-	—	—	—	—	—	—	—	—
HCO_3^-	—	—	—	—	112,4	0,0599	—	—
Na^+	3827	38,80	8978	41,30	32148,0	45,10	90880	42,20
K^+	420	2,25	1	0,002	129,5	0,107	2300	0,628
Mg^{++}	420	8,95	1000	8,73	515,2	1,37	7640	6,70
Ca^{++}	8	0,09	Sp.	—	1878,8	3.35	600	0,51
Summe der festen Bestandteile in g je l	12,195		28,161		95,5		253,00	
Spezifisches Gewicht bei 17°	1,0101		1,0209		1,0663		1,156	
Primärer Salzgehalt	82,00		82,60		90,40		85,60	
Sekundärer Salzgehalt	18,00		17,40		9,48		14,40	
Primäre Alkalität	—		—		—		—	
Sekundäre Alkalität	—		—		0,12		—	
Klasse nach der Einteilung von Palmer	4		4		3		4	

Anmerkung: In der Probe 3 wurden außerdem noch sehr geringe Mengen Ammonium und Phosphorsäure nachgewiesen.

In der beistehenden Tabelle sind einige Ergebnisse von Salzwasseranalysen aus hannoverschen Erdölfeldern als Beispiele mitgeteilt. Desgleichen sind Hinweise auf ihre Zugehörigkeit zu den einzelnen Klassen gegeben.

Abb. 10 zeigt nach einer Darstellung von Thompson, wie die Analysenergebnisse in ein Bohrdiagramm eingetragen werden können. Als Ordinate dient die Bohrlochsteufe, als Abszisse die Mengen der

gefundenen Radikale. Da es bei den letzteren im vorliegenden Falle
nur auf die Veranschaulichung der relativen Werte ankommt, so können
für die verschiedenen Radikale verschiedene Maßstäbe, je nach dem
zur Verfügung stehenden Papier, gewählt werden.

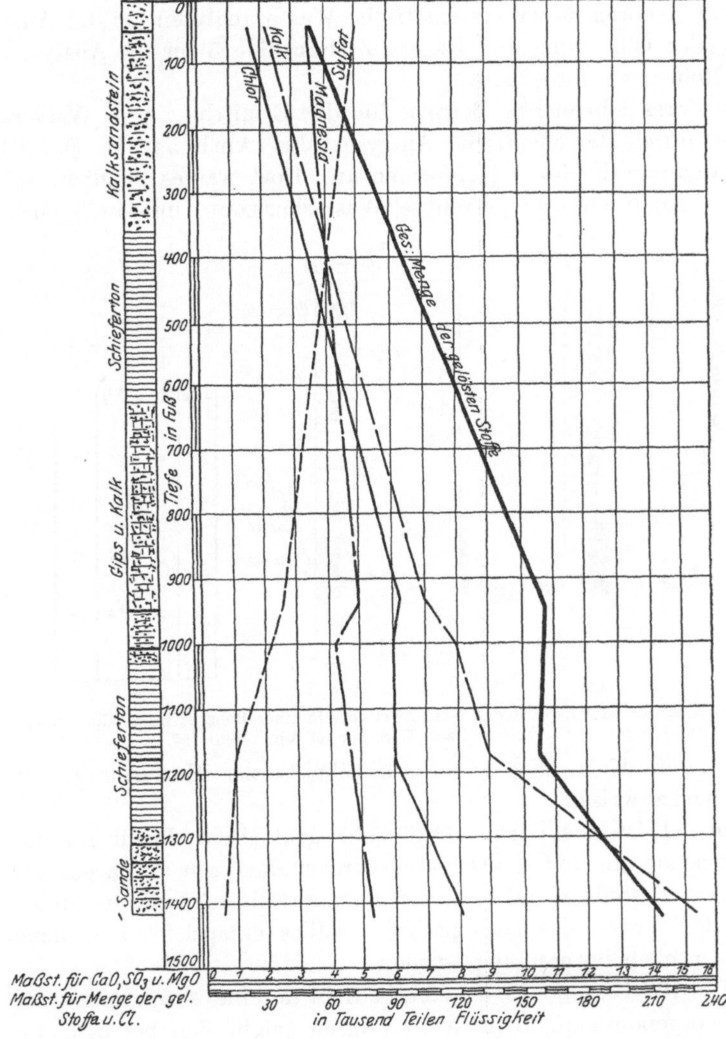

Abb. 10. Darstellung von Salzwasseranalysen in einem Bohrdiargamm. Nach Thompson.

Die Darstellung zeigt deutlich die Zunahme der gesamten gelösten
Stoffe mit wachsender Tiefe, die Zunahme an Kalk und die Abnahme
der Sulfate.

Die systematisch bereits während des Bohrens durchgeführte Wasser-
analyse ist daher in der Lage, uns über die Herkunft der auftretenden

Wässer Klarheit zu geben. Wenn wir aber über die Herkunft der Wässer unterrichtet sind, so können wir leicht entscheiden, ob das Auftreten von Wasser von Nachteil für die Bohrung sein kann und welche Mittel zur Abwehr des Wasserzuflusses am zweckmäßigsten zu ergreifen sind.

In Baku gehören daher systematische Wasseranalysen bei der Ausführung jeder Ölbohrung zur Regel. Zuber hält 5 bis 10 Analysen für eine Bohrung erforderlich.

Ein weiteres lehrreiches Beispiel für die Ermittlung von Wasserhorizonten durch die chemische Analyse führt Ambrose [1, S. 100] aus dem Coalinga-Felde in Kalifornien an. Dort war es möglich, auf Grund der Analysen drei getrennte Wasserhorizonte innerhalb eines

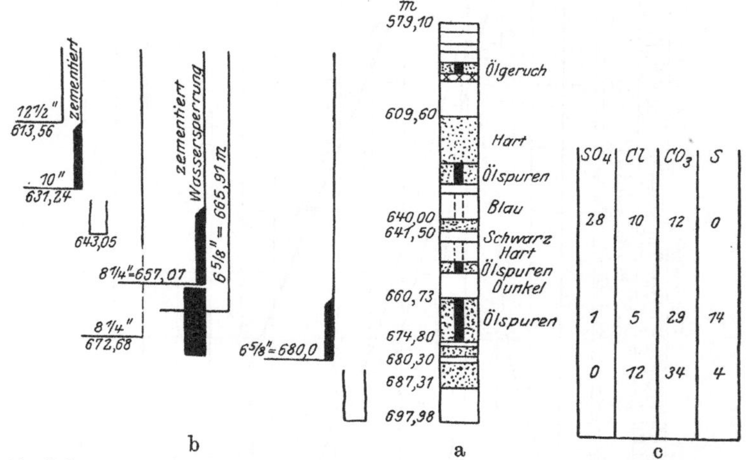

Abb. 11. Erkennung dreier verschiedener Wasserhorizonte in einer Bohrung innerhalb von 47 m auf Grund von Analysen. Nach U. S. Bur. of Mines Bull. 195.

Abstandes von 47 m, also innerhalb sehr kurzer Entfernung voneinander nachzuweisen.

In Abb. 11 ist das darauf bezügliche geologische Profil (*a*), der Verrohrungsplan (*b*) und das Ergebnis dreier Analysen (*c*) dargestellt. Die Analysenergebnisse sind so eingetragen, daß ihre Anordnung untereinander den Tiefen des geologischen Profiles entspricht, aus denen die Wasserproben entnommen wurden.

Mit der 10″-Kolonne wurde bei 631,24 m eine erfolgreiche Absperrung vorgenommen. Beim Weiterbohren zeigte sich bei 643,05 m starker Wasserzufluß. Der Wasserspiegel konnte durch Schöpfen nicht tiefer als 408 m unter der Oberfläche gesenkt werden. Die Analyse (s. diese) ergab ein charakteristisches Hangendwasser. Es wurde weiter bis 675,12 m gebohrt, die durchlochte 8¼″-Kolonne vorläufig bei 672,68 m aufgestellt und ein Pumpversuch gemacht. Dieser ergab 1080 Faß Wasser in vier Tagen ohne Öl. Man schritt nun zur Wasserabsperrung. Die $8^1/_4''$-Kolonne wurde gezogen, das Bohrloch vorher zu diesem Zweck bis 679,39 m vertieft, darauf von 679,39 bis 657,75 m mit Zement verfüllt, schließlich die $8^1/_4''$-Kolonne wieder eingebaut, bei 657,07 m aufgestellt und zementiert. Die Absperrung erwies sich beim Freibohren der Kolonne als gelungen. Um den ölverdächtigen Sand von 660,73 bis 674,82 m zu untersuchen, wurde der Zement bis 669 m ausgebohrt, die $6^5/_8''$-Kolonne bei 665,91 m aufgestellt und das Bohrloch leergeschöpft. Der ölverdächtige Sand lieferte riesige Wassermengen. Die Analyse (s. d.) zeigte einen gänzlich anderen Charakter als die vorhergehende. Man war somit auf einen zweiten, vom ersten getrennten Wasserhorizont gestoßen.

Bei 662,9 m war der Wasserzufluß so stark, daß er nur bis 60 m unter Tage gesenkt werden konnte. Schließlich wurde die $6^5/_8''$-Kolonne bei 680,0 m zementiert, um den darunter folgenden Sand zu untersuchen. Beim Vorbohren erwies sich die Absperrung der $6^5/_8''$-Kolonne als gelungen. Es wurde bis 697,98 m weiter gebohrt und eine Analyse des hier zufließenden Wassers (s. d.) vorgenommen, das wiederum ganz andere Kennzeichen aufwies, als die vorhergehenden.

Ohne den Verlauf dieser Bohrung im einzelnen weiter zu verfolgen, zeigt dieser Bericht aufs deutlichste, wie durch systematisches Untersuchen der Wasserzuflüsse während des Bohrens und deren Analyse die Erkennung dreier verschiedener dicht untereinander gelegener Wasserhorizonte, die Prüfung der vorangegangenen Absperrungen, sowie eine wertvolle Ergänzung und Kontrolle des geologischen Profils ermöglicht wurde.

D. Die Ursachen der Verwässerung von Erdölfeldern.

a) Fehlende oder an falscher Stelle vorgenommene Wasserabsperrungen.

Um das Eindringen von Wasser in das Bohrloch zu verhindern, ist es notwendig, die wasserführende Schicht gegen das Bohrloch hin wasserdicht abzuschließen. Eine Wasserabsperrung in einem Erdölbohrloch durchzuführen bedeutet demnach, eine wasserdichte Verbindung zwischen Bohrlochwandung und Verrohrung im Liegenden bzw. Hangenden (oder im Liegenden und Hangenden) herstellen.

Daß das Fehlen einer solchen wasserdichten Verbindung zu Verwässerungen führt, zeigen folgende Beispiele.

In Abb. 12 hat die Bohrung 1 die Absperrung des wasserführenden Sandes gegen den tiefer gelegenen Ölsand richtig durchgeführt. Bohrung 2 hat den Wassersand nur gegen oben gesperrt, und zwar schematisch in gleicher Tiefe wie Bohrung 1, dagegen fehlt die Absperrung des

Wassersandes nach unten. Es tritt in der durch die Pfeile angedeuteten Weise eine Verwässerung von Bohrung 2 und 1 ein.

In Abb. 13 traf man in Bohrung 1 nach Durchfahrung des Wasserhorizontes auf einen trockenen Ölsand und dann auf das eigentliche

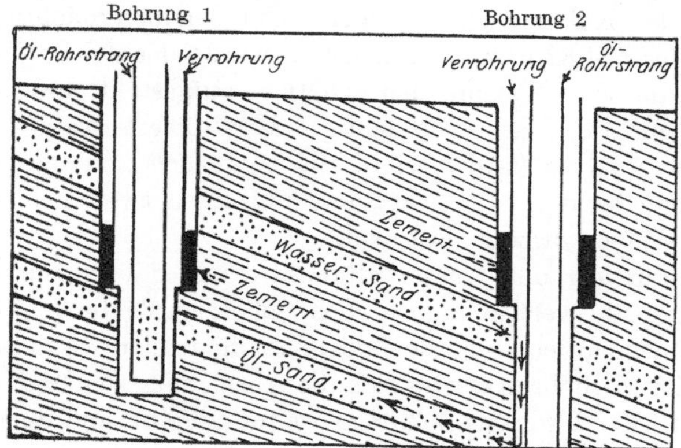

Abb. 12. An falscher Stelle und in beiden Bohrungen schematisch in gleicher Tiefe vorgenommene Absperrungen. Abb. 12 bis 15 abgeändert nach R. P. Mc Laughlin aus Uren.

Öllager. Aus Sparsamkeitsgründen wurden die beiden oberen Horizonte gemeinsam abgesperrt und die Förderung aus dem tieferen Lager aufgenommen. Nach Fertigstellung der Bohrung 2 wurde dort der erste

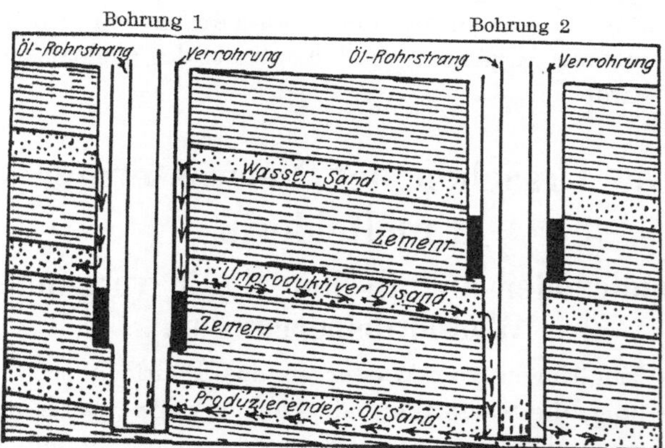

Abb. 13. Fehlende Absperrung in Bohrung 1, zu hohe Absperrung in Bohrung 2.

Wasserhorizont gesperrt und die Förderung aus dem produktiven Ölsand begonnen. Es erfolgte Verwässerung von Bohrung 1 und 2 durch den trockenen Sand von Bohrung 1 her. Eine Verwässerung hätte vermieden werden können, wenn auch in Bohrung 2 der trockene Sand wie in Bohrung 1 mit abgesperrt worden wäre.

Abb. 14 zeigt zwei Wasser- und zwei Ölsande in Wechsellagerung. In Bohrung 1 ist die Absperrung des ersten Wasserhorizontes nach unten und die des zweiten Horizontes nach unten, aber nicht nach oben erfolgt. Dadurch tritt Verwässerung des oberen Ölsandes in in Bohrung 1 und der gleichen Schicht in Bohrung 2 ein, obwohl hier die Verrohrung und die Absperrung richtig durchgeführt sind.

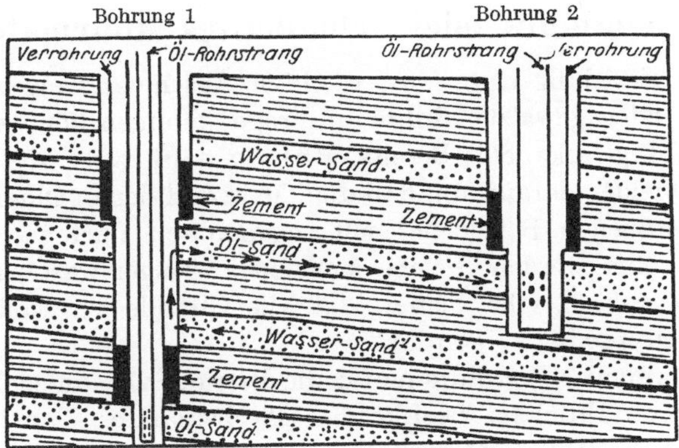

Abb. 14. Fehlende Absperrung eines Wassersandes nach oben in Bohrung 1.

In Abb. 15 hat die Bohrung 1 das Tageswasser gesperrt und produziert aus zwei Öllagern, ebenso die Bohrung 2. Durch Erschöpfung des Öles im oberen Lager von Bohrung 1 steigt aus der Mulde Rand-

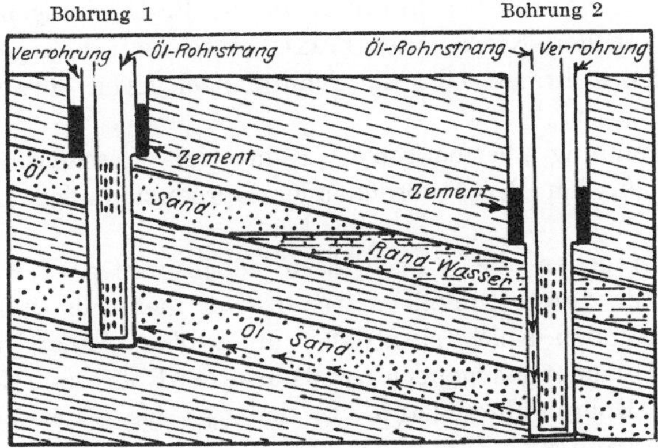

Abb. 15. Vorzeitige Verwässerung von Bohrung 1 durch fehlende Absperrung in Bohrung 2.

wasser nach, das die beiden Horizonte in Bohrung 2 und den unteren in Bohrung 1 verwässert. Als Gegenmaßnahme zum Schutze des noch nicht verwässerten tieferen Ölsandes wäre hier eine Absperrung des ersten Ölsandes in Bohrung 2 auch gegen unten erforderlich.

Wie aus diesen Beispielen zur Genüge hervorgeht, ist die richtige Absperrung nicht nur für die Produktion einer einzelnen Bohrung, sondern auch für die zahlreicher benachbarter Bohrungen von größter

Bedeutung. Selbst bisher noch nicht erschlossene Ölfelder können so durch eine mangelhafte oder fehlende Absperrung im voraus für die Allgemeinheit wertlos gemacht werden.

b) Ungeeignetes oder schadhaftes Rohrmaterial.

Daß zur Erzielung eines wasserdichten Abschlusses eigentlich nur geschweißte oder gewalzte Rohre in Frage kommen könnten, wurde schon frühzeitig erkannt. Bereits Röhrig [40] wies 1882 für die deutschen Ölfelder darauf hin, daß die „Mehrzahl der in Ölheim gegenwärtig abgestoßenen Bohrlöcher mit sogenannten Lutten (genieteten Röhren) verröhrt werden, welche mehr oder weniger wasserlässig sind und deshalb große Gefahr bieten, daß die Ölsande vor vollständiger Ausbeutung unproduktiv werden".

In der Bergpolizei-Verordnung für die Betriebe zur Aufsuchung und Gewinnung von Erdöl im Bezirke des Oberbergamtes Clausthal heißt es im § 39 (s. S. 74): „Unterirdische Wasser müssen in jedem Bohrloch durch Röhren — Nietrohre sind ausgeschlossen — derart dicht abgeschlossen werden, daß dieselben in ölführende Schichten nicht gelangen können." Das Verbot, Nietrohre zu verwenden, war in dem ersten Entwurf des Oberbergamtes nicht enthalten sondern wurde bei der Besprechung des Entwurfes auf Vorschlag der versammelten verantwortlichen Betriebsleiter in die Bestimmungen mit aufgenommen. In den Kreisen der Praxis hatte man demnach die Bedeutung guten Rohrmateriales als Schutzmittel gegen Verwässerungen frühzeitig erkannt.

Die Anwendung „hermetischer" Rohre zur Wassersperrung wird jetzt wohl von den Bergbehörden aller ölproduzierenden Länder gefordert.

In Polen gehen die Vorschriften jedoch weiter. Dort besitzen die Bohrlöcher durchschnittliche Tiefen von mehr als 1000 m. Die wasserabsperrenden Rohre sind daher auf großen Außendruck beansprucht, der bei nicht genügender Wandstärke der Rohre zum Zusammendrücken der Rohre führen kann. In den §§ 4 bis 6 der Verordnung des Revierbergamtes zu Drohobycz vom 21. Februar 1918 sind infolgedessen auch eingehende Vorschriften über die Mindestwandstärken der zur Wassersperrung benutzten Rohre enthalten (s. Anlage A_1 S. 62). Diese Vorschriften sind jetzt allerdings z. T. überholt, da gegenwärtig besseres Rohrmaterial als in jenen Jahren zur Verfügung steht.

In Baku treten die Erdöllagerstätten innerhalb sehr lockerer, zum Nachfall neigender Sande auf. Bis in die Jahre des Weltkrieges hinein wurde dort nur mit dem Freifallbohrer gearbeitet. So war es daher notwendig, die Verrohrung entsprechend dem Fortschreiten der Bohrung mit in die Tiefe zu führen. Hierdurch war jedoch wieder eine große Zahl

von Rohrkolonnen erforderlich, und diese bedingten wiederum einen
großen Anfangsdurchmesser der Bohrung. In Baku sind infolgedessen
Anfangsdurchmesser von 42 bis 36″ gebräuchlich, bei einer Teufe von
800 m und 8 bis 12″ Enddurchmesser [25, S. 1356]. Rohre von so
großem Durchmesser werden jedoch nur als Nietrohre hergestellt. Die
häufige Anwendung von Nietrohren in Baku, auch bis in größere
Teufen hinab, hat nach der Ansicht von Lindtrop [25] wesentlich
mit zur Verwässerung großer Feldesteile von Baku beigetragen.

Bei einwandfreiem Rohrmaterial können jedoch während des Bohrens
oder während der Ausbeutung des Brunnens Beschädigungen der Verrohrung eintreten, die deren Zweck hinfällig machen und dem Wasser-
eindringen freien Raum lassen.

Häufig bieten undichte Rohrverbindungen infolge mangelhaft ge-
schnittener Gewinde dem Wasser einen Durchtritt. Bohrlöcher pflegen
auf große Teufen niemals einen vollkommen senkrechten Verlauf zu
nehmen, sondern sie sind mehr oder weniger korkenzieherartig gewunden.
An den Biegungsstellen tritt eine besonders starke Beanspruchung der
Rohre ein, so daß es dort besonders leicht zu Undichtigkeiten der Gewinde kommen kann. Diese gebogenen Stellen der Rohrstränge sind
sowohl beim Bohren wie auch bei der Ölgewinnung wieder besonders
gefährdet. An diesen Stellen schlagen die Drahtseile für die Schöpf-
büchse, das Bohrseil oder das Bohrgestänge ständig gegen die Verrohrung und scheuern sich und die Verrohrung dabei durch. Aus Rumänien sind Fälle bekannt, in denen in Bohrlöchern alle 24 Stunden
ein neues Schöpfseil aufgelegt werden mußte.

Die Rohre werden in solchen Fällen allmählich der Länge nach
völlig durchschnitten und veranlassen alsdann den Durchtritt von
Wasser.

Besonders schädlich auf die Verrohrung wirkt auch der Salzgehalt
des Wassers und die dadurch hervorgerufenen Anfressungen. Dieser
Gegenstand ist besonders durch R. van A. Mills [31] eingehend untersucht worden. Mills schätzt den Schaden, der durch Verwässerung
infolge korrodierter Rohre eintritt, in den Ölfeldern von Kansas auf
jährlich mehr als 3 Millionen Dollar. Im Westfeld von Illinois sind
unterirdische Korrosionen der Verrohrung durch Salzwasser und Schwefelwasserstoff so häufig, daß 30 bis 40% der produzierenden Brunnen
deswegen repariert werden mußten. Pumpenrohre und -gestänge
mußten dort oft nach drei oder vier Monaten ersetzt werden bei sonst
zweijähriger Lebensdauer.

Die Ursachen dieser Korrosionen sind in elektrochemischen Vor-
gängen zu suchen. Die in Salzwasser eintauchenden Rohrstränge sind
durch den Rohrkopf leitend miteinander verbunden. Sie stellen demnach ein galvanisches Element dar, an dessen Anode Eisen in Lösung
geht, während an der Kathode Wasserstoff sich abscheidet. Das Eisen

wird bei Sauerstoffzutritt schließlich zu Ferrihydroxyd oxydiert und fällt aus.

Außer diesen Umsetzungen ist jedoch auch eine „Selbstkorrosion" des Rohrmaterials möglich. Tauchen stählerne oder schmiedeeiserne Rohre in Salzwasser, so entstehen zahlreiche winzige galvanische Ströme zwischen Punkten verschiedenen Potentials. Diese werden hervorgerufen durch die Unterschiede in der Zusammensetzung und Textur des Rohrmaterials. Die in den Salzwässern der Erdölfelder nicht seltenen Gase Schwefelwasserstoff und Kohlendioxyd wirken besonders stark korrodierend.

Abb. 16a zeigt einen durch den Rohrkopf geschlossenen galvanischen Stromkreis zwischen der Verrohrung und der Förderkolonne. Abb. 16b zeigt ein krummgebohrtes Loch, in dem sich das Pumpenrohr an die Verrohrung anlehnt und auf diese Weise den Stromkreis schließt. In Abb. 16c liegt ebenfalls ein krummes Bohrloch vor, in dem sich das Pumpenrohr der Verrohrung stark nähert. Der Stromkreis wird dabei durch das Salzwasser, das sich zwischen den Rohren befindet, geschlossen.

Wie katastrophal sich solche Korrosionen auswirken können, veranschaulicht Abb. 17. Es handelt sich um $6^5/_8$-zöllige Stahlrohre, die zwei Jahre lang in einem Bohrloch eingebaut gewesen waren. Die Korrosionen zeigten sich dabei besonders an den Gewinden, namentlich

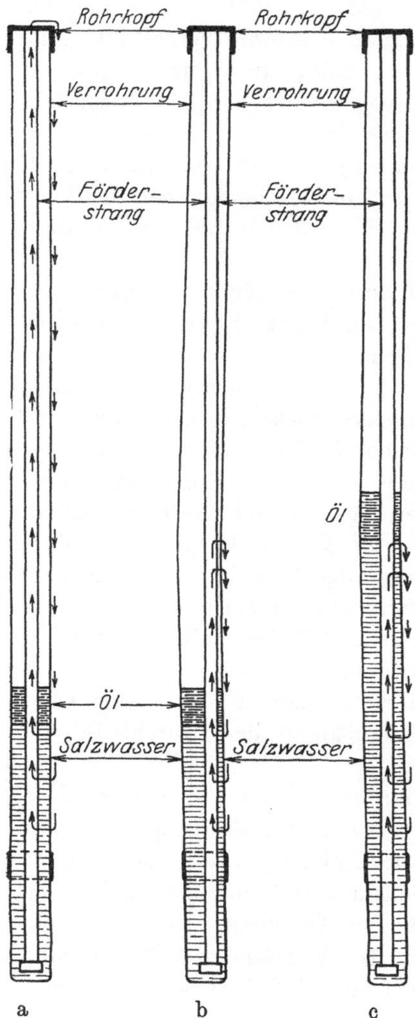

Abb. 16. Zustandekommen galvanischer Ströme innerhalb der Rohrkolonnen bei Erdölbohrungen. Nach U. S. Bur. of Mines Bull. 233.

aber auch längs einer schmalen, die Rohre der Länge nach durchziehenden Zone. Die zerfressene Längszone stellt nicht die Schweißnaht dar. Es ist wahrscheinlich, daß in diesem Falle die verschiedenen Rohrkolonnen nicht konzentrisch in dem Bohrloche standen, sondern daß der eine Rohrstrang sich dem weiteren auf eine längere Strecke hin näherte, oder gar an ihn anlehnte. Dann müßte diese Linie, wie es Abb. 16 c zeigt, besonders leicht der Korrosion zugänglich sein. Es ist auch möglich, daß hier das Schöpfseil oder Bohrseil entlang einer

Abb. 17. Der Länge nach korrodierte Bohrrohre nach zweijährigem Gebrauch. Nach U. S. Bur. of Mines Bull. 233.

größeren Strecke an der Verrohrung gescheuert und diese dadurch dem Angriff des Salzwassers besonders zugänglich gemacht hat.

In Abb. 18 ist ein zweizölliges Rohrstück vom unteren Ende eines Pumpenrohres wiedergegeben, das ebenfalls sehr starke Korrosionen aufweist. Diese sind auf einer Seite, z. B. bei a, viel stärker als auf der anderen Seite, etwa bei b.

Abb. 19 stellt ein neun Jahre in Gebrauch gewesenes Stahlrohr aus einem Ölbrunnen des Bird Creek Feld, Tulsa, Oklahoma, dar. Sieben Jahre, nachdem das Bohrloch gebohrt worden war, machte sich starker Wasserzufluß bemerkbar und der Ölsand verwässerte. Alle Anstrengungen durch Wasserabschluß das Öl wieder zum Zufließen zu bringen, schlugen fehl. Beim Ziehen der Rohre stellte man in einer Tiefe von 100 und 120 m je eine Durchlöcherung des 300 m langen Rohrstranges fest. An den durchlöcherten Stellen war die Außenseite der Rohre glänzend geätzt und sah wie glasiert aus. Rosten des Materiales konnte demnach nicht die Ursache für die Korrosion gewesen sein. Mills vermutet, daß hierbei das Salzwasser, das sehr viel Kochsalz und Kohlensäure enthielt, hauptsächlich durch seinen Gasgehalt anfressend gewirkt haben dürfte.

Abb. 18. Förderrohr. Bei a viel stärkere Korrosionen als auf Seite b. Wahrscheinlich durch nicht konzentrisches Einbauen der Rohre verursacht. Nach U. S. Bur. of Mines Bull. 233.

Aus all diesem ergibt sich, daß für die Verrohrung von Ölbohrungen nur bestes Rohrmaterial verwandt werden sollte, daß dieses aber auch so sorgfältig wie möglich eingebaut werden sollte.

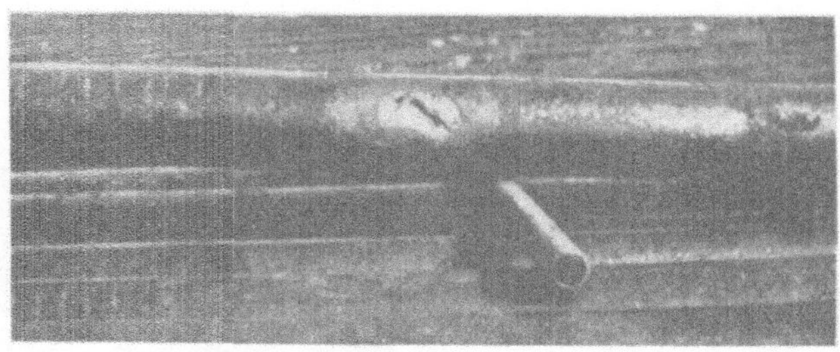

Abb. 19. Vereinzelte Anfressung eines Bohrrohres nach neunjährigem Gebrauch.
Nach U. S. Bur. of Mines Bull. 233.

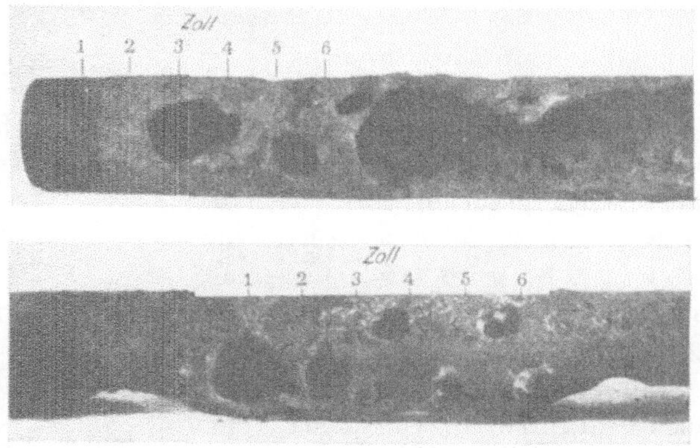

Abb. 19a. Größe der durch Korrosion entstandenen Löcher.
Nach U. S. Bur. of Mines Bull. 233.

c) Mangelhafte Absperrverfahren.

Von gewissenlosen Bohrunternehmern wird häufig gar nicht erst der Versuch gemacht, eine Wasserabsperrung vorzunehmen, sondern man begnügt sich damit, die Verrohrung jeweils so tief hinab zu führen, bis die Rohre „festwerden", d. h. bis ihre Reibung mit dem Gebirge so groß wird, daß sie sich nicht tiefer eintreiben lassen. Ein derartiges Verfahren, wie es z. B. auch noch in Deutschland zuweilen angewandt wird, ist durchaus zu verwerfen. Das Festwerden der Rohre besagt noch nicht, daß nun die Rohre auch allseitig mit dem Gebirge wasserdicht verbunden sind. Hier können sich bei krummen Bohrlöchern die Rohre an irgendeiner Stelle, oft nur an einer Seite der Rohrwand, festgeklemmt haben, während sie an anderen Stellen durchaus nicht anliegen, sondern dem Wasser freien Durchtritt gewähren. Selbst wenn das durchtretende Wasser hierbei der Menge nach durchaus gering ist, so ist doch zu beachten, daß es unter hohem hydrostatischem Druck stehen und im Laufe der Zeit die Öffnungen und Wege an der Rohrkolonne abwärts zur ölführenden Schicht vergrößern und erweitern kann.

Selbst wenn aber die Absicht besteht, die Wasser regelrecht abzusperren, so darf bei der Wahl des Absperrverfahrens nicht schematisch verfahren werden. Die verschiedenen hierzu üblichen Verfahren, wie sie weiter unten im Abschnitt E näher geschildert werden, setzen jeweils die Erfüllung bestimmter Bedingungen voraus. Die Absperrung durch Einpressen der Rohre in Ton z. B. darf nur erfolgen, wenn auch eine genügend mächtige Tonschicht wirklich vorhanden oder künstlich hergestellt worden ist. Die Zementierverfahren machen wiederum eine besondere Beschaffenheit des Gebirges erforderlich, das möglichst frei von Ton sein soll usw. Die Tiefe, an der die Wasserabsperrung erfolgen soll, ist ebenfalls von ausschlaggebender Bedeutung für die Wahl des Verfahrens. Packer (s. u.) können nur in verhältnismäßig geringen Teufen angewendet werden. Auch der hydrostatische Druck der abzusperrenden Wassersäule ist zu berücksichtigen. Der leitende Bohringenieur ist daher auf sorgsame Berücksichtigung aller wichtigen Punkte angewiesen, um aus den vorhandenen Absperrverfahren das jeweilig günstigste herauszugreifen. Anwendung unzweckmäßiger Verfahren kann zu Mißerfolgen führen und die Absperrung mißlingen lassen. Verfahren, die von vornherein den Stempel der Unzuverlässigkeit tragen, und veraltet sind, wird man ganz und gar ausschalten, so z. B. die Anwendung von Erbsen oder anderen Hülsenfrüchten, die man früher zwischen Bohrlochwand und Verrohrung schüttete, um durch deren Aufquellen einen wasserdichten Abschluß zu erzielen.

d) Ungeeignete Bohrverfahren.

In ähnlicher Weise ist auch der Wahl des Bohrverfahrens besondere Beachtung zu schenken. Nicht jedes Bohrverfahren kann zur Ausführung einer Erdölbohrung benutzt werden. Die Frage, ob Spülbohrungen zur Erschließung von Erdöllagerstätten überhaupt zu gestatten seien oder Gefahren hinsichtlich der Verwässerung von Öllagern bieten, ist lange Zeit diskutiert worden. Man darf sich hier der Auffassung von George [10; 11] anschließen, daß als reine Aufschlußbohrungen Spülbohrungen nur mit Vorsicht anzuwenden sind. Bei Bohrungen in aufgeschlossenem Gelände sollten Spülbohrungen bis kurz vor Erreichung des Öllagers benutzt, dann aber als Trockenbohrungen weitergeführt werden, um eine Verwässerung der Lagerstätte oder eine ungünstige Beeinflussung der Nachbarbohrlöcher zu vermeiden.

Vielfach wurden die Spülbohrverfahren allein für die Verwässerung von Ölfeldern verantwortlich gemacht. So namentlich im Anschluß an die Verwässerung von Tustanowice. Dies führte sogar zu einer zeitweiligen Einschränkung des Spülbohrens in den galizischen Ölgebieten. So verlangt die Bergpolizeiverordnung der Berghauptmannschaft Krakau für die Erdölbetriebe in Galizien vom 27. Juli 1911, § 94, Abs. 5 für Anwendung dieses Verfahrens die Genehmigung des Revierbergamtes. Die gleiche Bestimmung trifft Artikel 117 des rumänischen Bergpolizeireglements vom Jahre 1912. Wie aber schon damals von Fauck und Sorge auseinandergesetzt wurde, ist die Gefahr einer Verwässerung der Öllagerstätte bei verständiger Anwendung des Spülbohrverfahrens kaum vorhanden. Die Vorwürfe gegen die Spülbohrverfahren wurden erhoben, als die hydrologischen Verhältnisse in Ölfeldern noch so gut wie unbekannt und die eigentlichen Ursachen der Verwässerung von Ölfeldern noch völlig unerforscht waren. Da bei Anwendung von Dickspülung an sich schon eine starke Verkleisterung der Bohrlochwände statthat, so können nur geringfügige Mengen der Spülflüssigkeit in die durchbohrten Sande übertreten. Es wird sonach ein geringer Flüssigkeitsverlust bereits für die Abdichtung der Bohrlochwandung ausreichen. „Nicht in den geringen Mengen des möglichen Spülverlustes ist eine Gefahr der Verwässerung der Bakuer Lagerstätte zu erblicken, sondern jene unkontrollierbaren (besser unkontrollierten Verf.) Wassermengen der oberen Schichten, die in das Bohrloch eintreten können, verwässern die tieferliegenden Schichten" [25].

Den Spülbohrverfahren als solchen ist sonach keine besondere Verantwortung für die Verwässerung von Ölfeldern zuzuschreiben.

Die Trockenbohrverfahren besitzen im allgemeinen einen günstigeren Gebirgsaufschluß, wie vom Verfasser an anderer Stelle ausgeführt wurde [17]. Wasserhorizonte können dabei nicht so leicht übersehen werden, wie z. B. bei den mit Dickspülung arbeitenden Verfahren, insbesondere beim Rotarysystem. Hierdurch wird es erklärlich, daß die vorgenommenen und erfolgreich durchgeführten Wasserabsperrungen bei den Trockenbohrungen einen höheren Prozentsatz aufweisen als bei den Spülbohrungen. Collom untersuchte z. B. 815 Bohrungen in Kalifornien, von denen 307 mit Rotary und 507 pennsylvanisch gebohrt worden waren. Bei den pennsylvanischen Seilbohrungen zeigten sich 14,4% fehlerhafte Wasserabsperrungen, bei den Rotarybohrungen dagegen 21,8%. Dies dürfte zweifellos auf die größere Geschwindigkeit der Rotarybohrung und auf den schlechten Gebirgsaufschluß bei diesem Verfahren zurückzuführen sein.

Die Vor- und Nachteile der in Ölfeldern gebräuchlichsten Bohrverfahren hinsichtlich der Wasserabsperrung, sowie anderer Gesichtspunkte, wurden von Kauenhowen in einer früheren Arbeit [17] zusammengestellt.

Auch die starre Beibehaltung veralteter und unzweckmäßiger Bohrverfahren kann zu großen Nachteilen für die Erschließung ausgedehnter

Ölfelder führen. Oben wurde bereits darauf hingewiesen, wie in Baku die Anwendung des Freifallverfahrens die Benutzung von Nietrohren erforderlich machte, und wie diese an der Verwässerung der Bakuer Öllager mit Schuld sind. Nach P. Stein hat „bei der Einseitigkeit der in Baku gebräuchlichen Arbeitsweisen gewiß auch die künstliche Isolierung der russischen Werke und Maschinenfabriken durch die erwähnte Zollmauer mitgewirkt. Man hätte sonst doch u. a. die genieteten Bohrrohre zweifellos schon früher in weit größerem Maße durch gewalzte ersetzen können" (44, S. 542). Es können sonach auch ganz allgemeine Gesichtspunkte, namentlich solche volkswirtschaftlicher Art, die mit der Bohrtechnik nur in mittelbarem Zusammenhange stehen, für die Verwässerung von Ölfeldern verantwortlich sein.

e) Zu tiefes Bohren und dadurch erfolgtes Anzapfen von Liegendwasser.

Folgt eine wasserführende Schicht dicht unter einer ölführenden oder ist sie von dieser nur durch eine geringmächtige undurchlässige Schicht getrennt, so ist dies besonders gefährlich. Denn infolge der langsam aufsteigenden Spülung wird die Ölschicht erst dann erkannt, wenn der Meißel bereits mehrere Meter in die Wasserschicht eingedrungen ist.

Beispiel für derartige Verwässerungen erwähnt George aus dem Gebiete von Obershagen-Hänigsen [11].

Auch beim Rotaryverfahren kann dies häufiger eintreten. Infolge des schnellen Bohrfortschrittes und der Anwendung von Dickspülung kann die rechtzeitige Erkennung des Ölhorizontes verhindert werden. Die Bohrung hat dann das Öllager bereits durchteuft und befindet sich bereits in einem liegenden Wasserhorizont. Bei genauer vorheriger Kenntnis des zu erwartenden geologischen Profiles kann ein zu tiefes Bohren verhindert werden. Anders ist es, wenn es sich um Schürfbohrungen in unbekanntem Gelände handelt. Hier ist sehr sorgfältiges Bohren, verbunden mit wiederholtem Probeschöpfen nötig, um eine Überbohrung des Öl- bzw. Wasserhorizontes zu vermeiden. Ambrose [1, S. 164] erwähnt folgenden Fall aus dem Elk Hills Gebiet von Kalifornien. Eine pennsylvanische Bohrung hatte bei 642 m Tiefe eine Sandschicht angefahren, von der man annahm, daß es sich um einen wasserführenden Sand handele. Zur Kontrolle wurde das Bohrloch ausgeschöpft. Während man noch mit dieser Arbeit beschäftigt war, erfolgte plötzlich ein ungeheurer Gasausbruch aus dem Bohrloche. Die ausströmenden Gasmengen wurden auf 2,8 Millionen cbm je Tag geschätzt. Hätte man keine Nachprüfung des vermeintlichen Wassersandes vorgenommen, so wäre der Gashorizont zweifellos überbohrt worden. Ganz ähnliches kann naturgemäß auch mit Wassersanden geschehen, die dann zu späteren Verwässerungen Veranlassung geben können.

Ein anderer Grund für das Erbohren von Liegendwasser liegt nicht in zu schnellem Bohren, sondern darin, daß man die Ausbeute eines in Produktion befindlichen Ölsandes zu vergrößern wünscht und zu diesem Zwecke das Bohrloch vertieft. Bei der Vertiefung wird dann häufig Liegendwasser angetroffen, das unter hohem Druck stehen kann.

Abb. 20. Versuchsanordnung von Mills zur Veranschaulichung der Verdrängung von Öl aus dem Wirkungsbereich einer Bohrung durch aufsteigendes Wasser.

Die in solchen Fällen eintretende Verwässerung braucht sich keineswegs lediglich auf das Bohrloch zu beziehen, in dem der Wasserhorizont erbohrt wurde. Wie das Beispiel in Abb. 14 zeigt, kann von einem solchen Bohrloch aus die Verwässerung in weitem Umkreis um sich greifen und andere Bohrlöcher nachteilig beeinflussen.

In vielen Fällen ist mit dem Erbohren von Liegendwasser auch noch der Nachteil verbunden, daß das aus dem Bohrloche geförderte Liegendwasser um das Bohrloch herum die Schichten kegelförmig durchtränkt, wobei die Spitze des Kegels in die Längsachse des Bohrloches fällt. Das übrigbleibende Öl wird dann von dem Zuflusse zum Bohrloch unterirdisch abgesperrt („coning"). Diese Kegelbildung und dies Absperren von Öl ist durch die Versuche von Mills eingehend nachgewiesen und photographisch festgelegt worden (Abb. 20 und 21).

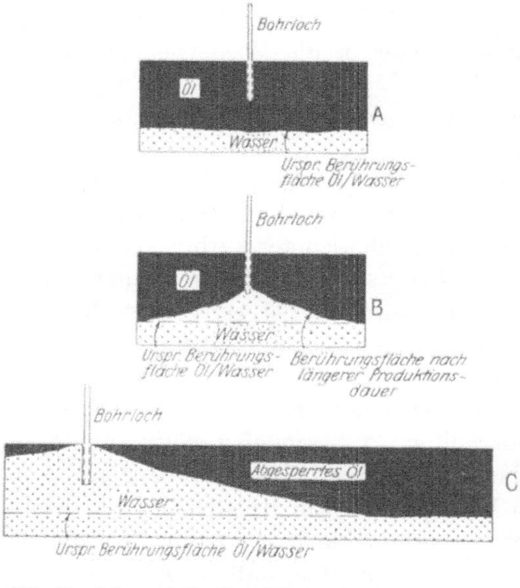

Abb. 21. Schematische Darstellung des in Abb. 20 beschriebenen Vorganges. Nach U. S. Bur. of Mines Bull. 195.

Auch der Bericht des American Petroleum Institute kommt auf Grund einer in allen nordamerikanischen Ölfeldern veranstalteten Rundfrage in seinem Bericht 1925 zu dem Ergebnis, daß Liegendwasser bei Zutritt zu den öl- und gasführenden Schichten sich stets als nachteilig und schädlich erwiesen haben [39, S. 89].

f) Ungeeignete Gewinnungsverfahren.

In harten, festen Schichten erweist es sich zuweilen als zweckmäßig, die Förderung eines Ölbrunnens durch Torpedieren zu vergrößern. Zu diesem Zwecke wird innerhalb des Bohrloches an einer auf Grund des geologischen Profiles genau berechneten Stelle eine größere Sprengladung zur Explosion gebracht. Hierdurch werden Spalten in dem Gestein aufgerissen, die u. U. eine Verbindung zwischen Bohrloch und Öllagerstätte herzustellen vermögen. Aus diesen Spalten kann dann Öl dem Bohrloche zufließen.

Es ist klar, daß durch ein solches Verfahren naturgemäß auch Verbindungswege zu wasserführenden Schichten aufgerissen werden können. Der Erfolg ist dann der, daß nicht eine Ölproduktion des Brunnens eintritt, oder eine bereits vorhandene vergrößert wird, sondern daß Wasser in das Bohrloch und in etwaige Ölsande eindringt („shooting into water").

Abgesehen von dieser unmittelbar nachteiligen Einwirkung des Sprengschusses auf das öl- bzw. wasserführende Gebirge kann eine Torpedierung auch der Verrohrung sowie etwa vorgenommenen Wasserabsperrungen schädlich werden. Die Rohre können dabei aufgerissen und frühere Rohrzementierungen undicht werden. Derartige Schäden sind dann nur sehr schwer wieder zu beseitigen. Mit Hinblick auf die Wasserverhältnisse und die Möglichkeit einer Verwässerung ist deshalb beim Torpedieren von Ölbohrungen stets mit der größten Sorgfalt und Vorsicht zu verfahren. Aus diesen Gründen ist auch in Nordamerika das Torpedieren von Ölbohrungen, ähnlich wie in anderen Ölländern, von einer einzuholenden Genehmigung der Bergbehörde abhängig.

In manchen Ölfeldern ist es gebräuchlich, das Öl aus den Brunnen mittels eines Kolbens zu fördern. Dieser wird an einem Schöpfseil eingelassen, besitzt ein nach oben sich öffnendes Kugelventil und schließt durch Gummidichtungen gegen die Innenwandung der Fördertour dicht ab. Die beim Einlassen des Kolbens in das Öl über dem Ventil sich ansammelnde Ölsäule wird durch Aufwärtsfahren des Kolbens herausgefördert. Dabei entsteht unter dem Kolben ein teilweises Vakuum. Hierdurch wird das Öl und Gas aus dem Ölsande in das Bohrloch hineingesaugt. Der Vorteil besteht darin, daß die feinen Kanäle und Poren des Ölsandes infolge der Saugwirkung offen gehalten werden.

Mit dem in der Öllagerstätte enthaltenen Gas sollte aber so sparsam wie möglich umgegangen und nicht mehr der Lagerstätte entzogen werden als unbedingt notwendig ist. Denn das Gas ist es in erster Linie, das das Öl aus den Poren der Lagerstätte in das Bohrloch treibt (s. u.).

Zu häufiges Kolben hat sich daher nicht als vorteilhaft erwiesen, denn es saugt das in der Lagerstätte enthaltene Gas ab, es kann Liegend- oder Randwasser heranziehen, durch Unterdruck die Verrohrung zum Zusammendrücken bringen und die Wasserabsperrung gefährden. Das Kolben wird daher z. B. vom U.S.-Departement of Interior nicht als Gewinnungsmethode empfohlen.

g) Zu geringer Bohrlochsabstand.

Ein zu geringer Bohrlochabstand kann ebenfalls bedeutende Wasserschäden innerhalb eines Ölfeldes hervorrufen.

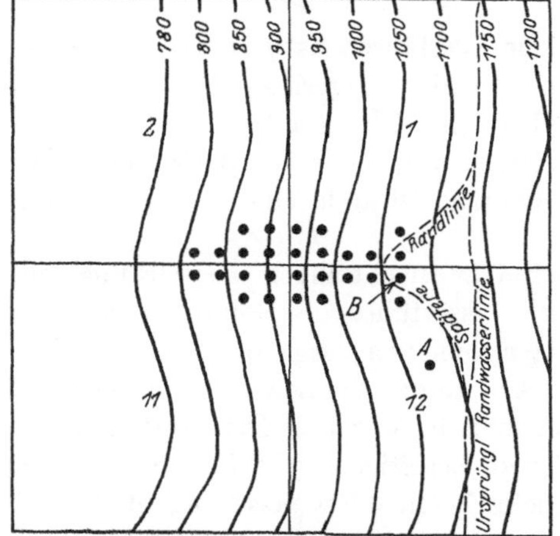

Abb. 22. Stark eingebuchteter Verlauf der Randwasserlinie hangaufwärts auf das Gebiet stärkster Ölproduktion. Nach U. S. Bur. of Mines, Bull. 195.

Wird die Produktion an einer Stelle des Ölfeldes durch zahlreiche engbenachbarte Bohrungen stärker gesteigert als an anderen Stellen des Feldes, so wird das in der Ölschicht enthaltene Randwasser die Punkte lebhafter Förderung schneller erreichen als die Gebiete schwacher oder fehlender Förderung. Die Randwasserlinie, d. h. die Begrenzungslinie zwischen Wasser und Öl innerhalb des Öllagers weist dann gegenüber den Höhenlinien des Ölhorizontes keinen parallelen, sondern einen stark eingebuchteten Verlauf auf (Abb. 22).

Durch dies Voreilen der Randwasserlinie gegenüber anderen zurückbleibenden Stellen können beträchliche Ölmengen in der ölführenden Schicht durch das Wasser eingeschlossen werden, wie in der Einleitung bereits ausgeführt wurde (s. Abb. 1). Diese Gefahren werden verringert, wenn eine über das ganze Ölfeld möglichst gleichmäßig verteilte Bohrlochzahl vorhanden ist, so daß die Randwasserlinie von allen Seiten her gleichmäßig aufzusteigen vermag. Als Beispiel dafür diene das Aufsteigen der Randwasserlinie im Coalingafeld in Kalifornien (Abb. 23).

Das Auftreten von Randwasser gibt sich übrigens für gewöhnlich durch eine plötzliche Zunahme der Ölproduktion zu erkennen, da das aufsteigende Randwasser das in den Gesteinsporen enthaltene Öl vor sich herzudrücken vermag.

Durch einen zu engen Bohrlochsabstand tritt nicht nur ein zu schnelles Auftreten von Randwasser ein, sondern vor allem auch eine Verminderung des Gasgehaltes. Der in der Öllagerstätte enthaltene Gasdruck sinkt dann sehr schnell. Dadurch wird dem nachdrängenden Wasser

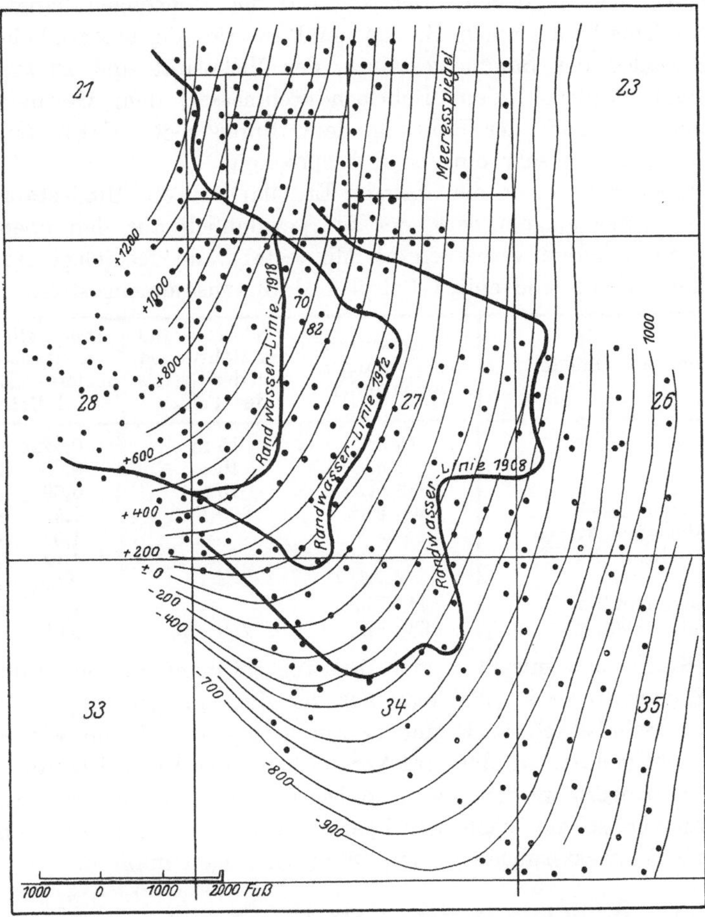

Abb. 23. Lage der Randwasserlinie im Coalinga-Ölfeld (Kalifornien) in den Jahren 1908, 1912 und 1918. Man beachte die namentlich im Bereich der Sattelachse starke Verschiebung der Randwasserlinie und ihr geringeres Zurückweichen auf den Sattelflanken. Nach U. S. Bur. of Mines, Bull. 195.

aber nicht mehr ein solch großer Widerstand entgegengesetzt. Durch den Gasverlust wird schließlich auch eines der Hauptantriebsmittel für den Ölzufluß zum Bohrloche beseitigt, so daß Ölmengen in der Lagerstätte zurückbleiben können, die bei größerem Gasdrucke noch nach dem Bohrloche hingedrückt worden wären. Die Verwässerung des Ölfeldes von Tustanowice wird durch Noth in der Hauptsache auf zu geringen Bohrlochabstand und dadurch bedingten vorzeitigen Gasverlust erklärt. Der Gasgehalt einer Öllagerstätte ist daher solange wie möglich vor der Vernichtung zu schützen.

Ein für Erdölbohrungen in allen Fällen gültigen Mindestabstand festzulegen, ist unmöglich. Der Abstand der Bohrungen hängt von sehr viel Umständen ab, z. B. von der Porosität, der Mächtigkeit und dem Einfallen des Sammelgesteines, der Viskosität und Dichte des Öles, dem Gasdruck, dem Bohrlochdurchmesser, dem Gewinnungsverfahren, der Tiefe der Bohrung, dem Ölpreis usw. Uren [50] hat diese Verhältnisse sehr eingehend besprochen.

Dennoch hat sich in den meisten Erdölländern ein Mindestabstand der Bohrlöcher eingebürgert, der für gewöhnlich aus den oben bezeichneten Gründen gesetzlich als Mindestabstand festgelegt ist. In folgender Tabelle sind einige Beispiele dafür zusammengestellt.

Name des Ölfeldes	Mindestabstand der Bohrungen voneinander	Mindestabstand der Bohrungen von der Grenze des Feldes	Innerhalb des Konzessionsgebietes entfallen auf 1 Bohrung
Hannover	15 m	15 m	0,0225 ha
Galizien	30 m	10 m	0,09 ha
Rumänien	30 m	15 m	0,09 ha[1])
U.S.A.-Regierungsland . . .	400 Fuß	200 Fuß	1,5 ha
Salt Lake—Los Angeles . .	—	—	1,54 ha
Ventura—Newhall	—	—	1,94 ha
Kittrick	—	—	2.02 ha
Cat Creek, Montana . . .	440 Fuß	—	1,8 ha
Slickfield, Oklahoma . . .	660 Fuß	220 Fuß	4,05 ha

In Kalifornien entfällt je eine Bohrung auf einen Flächenraum von 3, 5, 8 oder 10 acres. Wie man aus der Zusammenstellung sieht, ist der Bohrlochabstand in Hannover am geringsten. Wenn wir ferner berücksichtigen, daß er dort auf Veranlassung des Revierbeamten noch weiter verringert werden kann, so begreift man, warum sich gerade in Hannover sobald nach der bohrtechnischen Erschließung schwerwiegende Verwässerungen in den Ölfeldern zeigen mußten.

h) Raubbau infolge Nichtanwendung des Regalitätsprinzips auf den Erdölbergbau.

Fragen wir nun aber nach den tieferen Ursachen zu geringer Bohrlochabstände, so können diese verschiedener Art sein.

In erster Linie wird ein zu enger Bohrlochabstand hervorgerufen durch zu kleine in Ausbeutung befindliche Parzellen und diese sind

---

[1]) Enge Felder, d. h. Felder von mindestens 10 m Breite, können ihre Bohrungen in die Mitte des Feldes setzen, müssen aber die Vorschriften über den Abstand von schon vorhandenen Bohrungen beachten; außerdem darf auf solchen Feldern auf einen Flächenraum von 0,28 ha nur eine Bohrung gesetzt werden. Engere Felder als von 10 m Breite werden für den Bohrbetrieb nicht genehmigt.

wiederum durch den in manchen Ländern noch üblichen Grundeigentümerbergbau auf Erdöl bedingt. So sehen wir, daß es in vielen
Fällen der Staat ist, der durch Ausschluß des Erdöles vom Bergregal bzw. von der Bergbaufreiheit dem Raubbau auf Erdöl Tür und
Tor öffnet.

In Galizien z. B. unterstand das Erdöl ursprünglich dem Bergregal.
Im Jahre 1884 wurde durch den Einfluß des Polenklubs das Gewinnungsrecht am Erdöl dem Grundeigentümer übertragen. Bei der Zersplitterung des Grundbesitzes waren nach Leinweber [23] oft über
250 Einzelverträge zwischen den Grundeigentümern und dem Aus-
beutenden notwendig, um die Verfügung über ein mittleres Erdölfeld
zu erlangen. Bei der Zersplitterung des Felderbesitzes
kamen ferner die merkwürdigsten Formen der Parzellen
zustande, die bereits von Anfang an eine wirtschaftliche Ausbeutung unmöglich machten. Brachte z. B.
eine Gesellschaft auf einem vorspringenden Feldesteile
(s. Skizze) eine Bohrung nieder, so mußte der Nachbar
dieser „Angriffsbohrung" mit mehreren „Verteidigungsbohrungen" begegnen, falls er sich nicht alles Öl aus seinem Gebiete
fortschöpfen lassen wollte. So kam es, daß in Boryslaw oft fünf Bohrungen niedergebracht wurden, obwohl zur wirtschaftlichen Ausbeutung eine genügt hätte; d. h. „es wurden anstatt 250000 Kronen deren
1250000 Kronen in die Erde verbohrt".

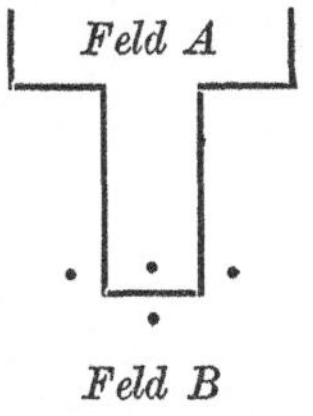

Nach Gattnar [9a] konnte der Erdölbergbau Galiziens nicht
prosperieren, weil das Regalitätsprinzip verworfen wurde. „Die Aus-
folgerung der Erdharzmineralien in das Verfügungsrecht des Grund-
eigentümers wurde, wie vorauszusehen war, zu einer Quelle fort-
dauernder Verlegenheiten für den Bergbauunternehmer, die Staats-
verwaltung und zuletzt für den Grundbesitzer selbst".

Die Schnelligkeit und die Hast, mit der für gewöhnlich derartige
Verteidigungsbohrungen niedergebracht wurden, führten zu schlechter
Ausführung der Bohrung, mangelhaftem Wasserabschluß usw. Die infolge dieses technisch völlig unbegründeten engen Bohrlochabstandes
einsetzende Verwässerung der galizischen Ölfelder wurde bereits geschildert.

Für Hannover liegen die Verhältnisse vollkommen ähnlich. Auch
hier hat der enge Bohrlochsabstand, verbunden mit einem anfangs durch
keinerlei gesetzliche Vorschriften gehemmten Raubbau zur Vernichtung
der Öllagerstätte von Ölheim und zur Verwässerung weitgehender
Feldesteile in Obershagen-Hänigsen und Wietze geführt (Abb. 24 u. 3).
Ein Beispiel aus dem Hannoverschen für die unwirtschaftliche Ab-
grenzung von Pachtgebieten zur Ölgewinnung infolge des Grundeigen-
tümerbergbaus zeigt Abb. 24. Ganz ähnliche Bilder lassen sich auch
heute noch beobachten.

So kann der Staat durch ungenügende bzw. mangelhafte Gesetzgebung die ordnungsgemäße und wirtschaftliche Gewinnung des Erdöles hintan halten.

Auch in U.S.-Amerika ist das Gewinnungsrecht an allen Mineralien, also auch an Erdöl, dem Grundeigentümer unterstellt. Auch dort hat diese Tatsache zu großen Unzuträglichkeiten geführt und Logan [26] kommt für die U.S.A. zu dem Ergebnis, daß durch das „staatliche Eigentum aller Rechte an Bodenschätzen die Erdölgewinnung leichter geregelt werden könne". Lediglich der Umstand, daß eine Änderung der jetzt bestehenden Vorschriften noch größere Schwierigkeiten als die gegenwärtig bestehenden hervorrufen würde, hat daran gehindert, den Grundeigentümerbergbau auf Erdöl in U.S.-Amerika abzuschaffen. Trotzdem liegen die Verhältnisse nicht so schlimm wie bei uns, da infolge der meist rechtwinkligen Bezirks- und Gemarkungsgrenzen der Regierungsländereien auch die ausgebeuteten Grundstücke rechtwinklig begrenzt sind (Abb. 25 u. 24).

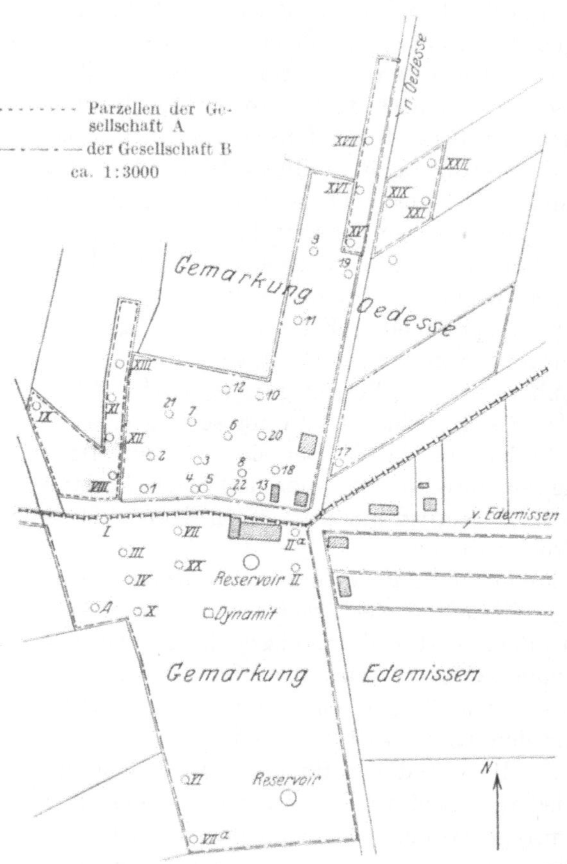

Abb. 24. Plan von Ölheim bei Peine zur Veranschaulichung der ganz unregelmäßigen Begrenzung der Parzellen und der wahllosen Verteilung der Bohrlöcher. Nach v. Kleist 1881. Vgl. hiermit Abb. 25.

In technischer Hinsicht ideale Verhältnisse konnten erst in solchen Ländern geschaffen werden, in denen der gesamte Besitz an erdölführendem Gelände und dessen Ausbeutung in eine Hand übergeführt wurde, wie z. B. in Rußland. Nach einer Mitteilung von Lindtrop wurden in Grosny z. B. vor der Nationalisierung der Bodenschätze auf ·1 qm 100 Bohrungen niedergebracht, während man jetzt mit 20 bis 40 Bohrungen die gleiche Ölmenge gewinnt.

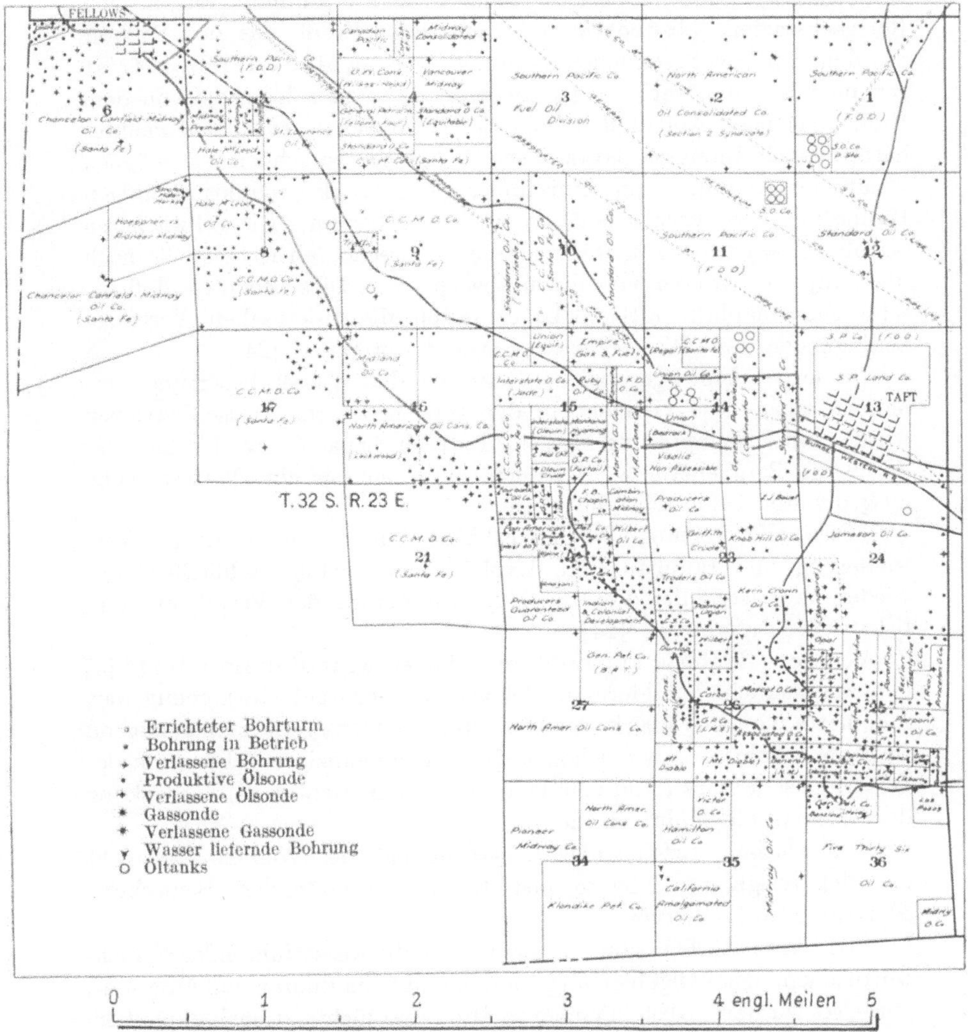

Abb. 25. Plan eines Teiles des Midway-Feldes in Kalifornien ca. 1:80450. Man beachte die durch die Grenzen der „townships“ und „sections“ festgelegte rechtwinklige Begrenzung der Pachtgebiete und vergleiche hiermit als Gegensatz Abb. 24. Nach U. S. Bur. of Mines Bull. 195.

i) Raubbau infolge ungünstiger Bohrverträge.

Noch in anderer Weise kann der Staat die Verwässerung von Ölfeldern und damit den Raubbau begünstigen. Dafür liefern die Verhältnisse, wie sie in Baku vor dem Weltkriege bestanden, ein vortreffliches Beispiel.

Bei der Verpachtung der staatlichen Krongebiete zur Erdölgewinnung waren die Pachtbedingungen derart, daß dem Pächter eine bestimmte

Frist gesetzt wurde, innerhalb welcher eine bestimmte Anzahl von Bohrlochsmetern abzubohren sei. Von dem Erdöl, das der Pächter aus den von ihm begonnenen Bohrungen vor Ablauf der Bohrfrist gewinnen konnte, war eine niedrigere Abgabe zu zahlen, als von dem Erdöl, das nach Ablauf der Bohrfrist gewonnen wurde. Der Pächter hatte also ein Interesse daran, seine Bohrlöcher so schnell wie möglich abzuteufen und in erster Linie die reichen, stark produktionsfähigen Hauptöllager zu berücksichtigen und auszubeuten. Die schwächeren Erdöllager wurden dann weder durch Probeschöpfen festgestellt, noch überhaupt die Wasser von ihnen abgesperrt. „Dies bedeutet, daß die schwachen naphthahaltigen Lager durch die fiskalischen Vertragsbedingungen dem Wasserzutritt ausgesetzt werden" [24].

Da ferner keine gesetzliche Regelung der Wasserabsperrung vorhanden war, diese vielmehr in der verschiedensten Weise betrieben wurde, eine Nachprüfung derselben durch benachbarte Werke oder durch die Bergbehörde vollkommen fehlte, so war eine Verwässerung ausgedehnter Feldesteile die Folge.

„Diese Entwertung der naphthahaltigen Schichten durch Verwässerung und raubbauartige Exploitationen erfolgt schließlich nur wieder zu Lasten der Verbraucher, also nur in der Verfolgung rein fiskalischer Interessen" [24].

Von dem Raubbau auf Erdöl in Baku entwirft Benckendorff [5] eine anschauliche Schilderung. Solange der Gasdruck stark genug war, kümmerte man sich überhaupt nicht um das Wasser, da man genügend Spritzer erbohrte. Aber schon anfangs der neunziger Jahre sank der Gasdruck sehr stark „und von da an mußte eine richtige (!) Verdeckung des Wassers eingeführt werden".

Von welchem Erfolge diese „Verdeckung" des Wassers war, geht aus der resignierten, heute fast tragisch anmutenden Bemerkung Benckendorffs hervor:

„Es wäre natürlich wünschenswert, daß die wasserführenden Schichten in jedem neuen Ölgebiet aufgefunden und beim Bohren von Anfang an verdeckt würden. Aber in einem so alten und nicht rationell exploitierten Ölgebiete, wie dasjenige von Baku, kann dieser, wenn man sich so ausdrücken darf, Vermischungsprozeß von Öl und Wasser nicht mehr aufgehalten werden."

E. Die Bekämpfung von Verwässerungen.
a) Allgemeine Bemerkungen.

Eines der wichtigsten Hilfsmittel zur Bekämpfung von Verwässerungen besteht in der dauernden Überwachung der hydrologischen Verhältnisse eines Ölbrunnens, sowohl bei seiner Erbohrung wie bei seiner Ausbeutung.

Die wichtigsten hierbei zu berücksichtigenden Gesichtspunkte sind bereits im Abschnitt C (s. S. 11) näher dargelegt worden. Stehen sorgfältige Bohrberichte aller Bohrungen, Angaben über die durchbohrten Schichten und deren Wasserführung, über die Öl- und Wasserförderung der verschiedenen Bohrlöcher zur Verfügung, so wird es auf Grund der Ausführungen in den vorhergehenden Kapiteln möglich sein, bereits wesentliche Anhaltspunkte über die Ursachen der Verwässerung zu gewinnen.

Die Erkennung der Ursachen weist aber auch gleichzeitig die Wege zur richtigen Bekämpfung der Verwässerungen.

Sonach ergeben sich aus dem vorhergehenden Abschnitte bereits eine ganze Reihe von Gesichtspunkten, die bei der Bekämpfung von Verwässerungen berücksichtigt werden können.

Verwässerungserscheinungen können jedoch um so wirksamer bekämpft werden, je eher man Abwehrmaßnahmen zu treffen in der Lage ist, d. h. je eher man die Verwässerungen als solche erkennt. Deshalb sollte der laufenden Beobachtung der Wasserverhältnisse eines Ölfeldes besondere Wichtigkeit beigemessen werden.

Ganz allgemein gilt ferner, daß ein Bohrloch um so eher gegen Verwässerungen geschützt ist, je sorgfältiger es gebohrt worden ist. Alles unnötige Überhasten der Arbeit und sich daraus ergebende Nachlässigkeiten, wie z. B. Krummwerden des Bohrloches, ist zu vermeiden. In krummen Bohrlöchern sind Wasserabsperrungen viel schwieriger auszuführen als in senkrechten. Durch Aneinanderlehnen zweier Rohrstränge in einem schiefen Bohrloche kann es zu den oben geschilderten galvanischen Korrosionen kommen. Man wird also bestrebt sein, möglichst senkrecht zu bohren, und die Rohrstränge möglichst konzentrisch einzubauen.

Es ist selbstverständlich, daß nur bestes Rohrmaterial zur Verwendung kommen darf. Nietrohre dürfen nur in den allerobersten Teufen angewendet werden.

b) Verfahren zur Wasserabsperrung.

Das wirksamste Mittel eine Verwässerung ölführender Schichten zu verhüten, ist zweifellos die wasserdichte Absperrung der wasserführenden Schichten von den ölführenden innerhalb des Bohrloches. Zur Ausführung der Wasserabsperrung kennt man folgende Verfahren:

1. Einpressen eines Rohrstranges in eine plastische Gebirgschicht.

2. Einpressen eines Rohrstranges in einen künstlich hergestellten Tonpfropfen.

3. Anwendung von künstlichen Dichtungen, wie Hanf oder Kautschuk.

4. Anwendung eines Zementierverfahrens.

1. Einpressen der Rohre in Ton.

("formation shut off".)

Der Rohrstrang muß unten mit einem festen Rohrschuh versehen sein, dessen Schneide ein Abwärtsgleiten im Bohrloch an stehengebliebenen „Füchsen" erleichtert. Die Wandstärke des Rohrschuhes beträgt 3 bis 5 cm, seine Länge bis zu 10 m. Die starke Ausführung des Schuhes und seine Festigkeit ist erforderlich, weil der Abschluß nach Möglichkeit ein dauernder sein soll, der auch nach Erschöpfen des Öllagers noch Bestand hat. Eine Bewegung oder ein Schadhaftwerden des Rohrschuhes im Gebirge durch die abscheuernde Wirkung von eruptierenden Ölsanden oder durch Rutschen infolge von Nachfall muß auf alle Fälle vermieden werden, weil eine einmal schadhaft gewordene Absperrung nur sehr schwer wieder instand zu setzen ist.

Das Bohrloch wird in der Weise zur Aufnahme des Rohrschuhes vorbereitet, daß man es an der Stelle, an der die Wasserabsperrung erfolgen soll, „konisch" bohrt, d.h. man verringert den Durchmesser des Bohrloches kurz hintereinander mehrere

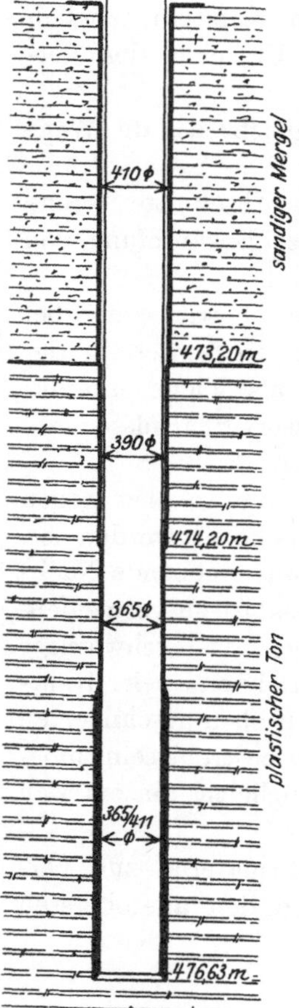

Abb. 26. Herstellung stufenförmiger Absätze im Bohrloch zum Einpressen der Verrohrung zwecks Wasserabsperrung.

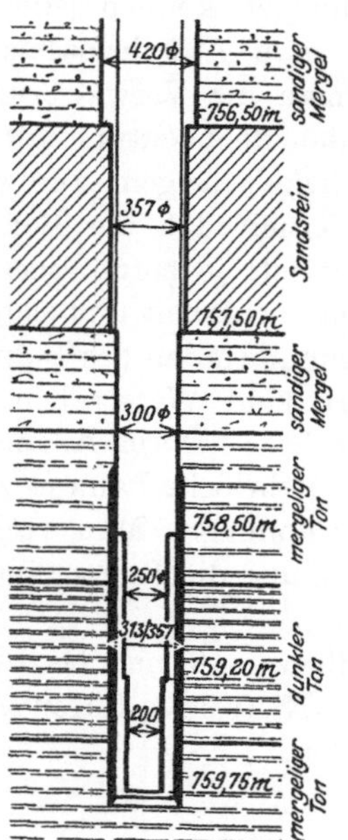

Abb. 27. Erklärung wie Abb. 26. Das Vorhandensein ungeeigneten Gebirges (Sand statt Ton) macht die Herstellung zahlreicher Absätze notwendig als in Abb. 25.

Male, so daß die innere Bohrlochwand ein treppenstufenförmiges Aussehen erhält. In diese, im Ton stehen gelassenen Stufen schneidet sich der Rohrstrang durch sein eigenes Gewicht mehrere Meter tief ein, oder er wird durch Spindeln bzw. mittels des Flaschenzuges langsam eingepreßt. Es ist wichtig, daß man sich von dem Vorhandensein einer genügend mächtigen Tonschicht überzeugt hat, da nur in einer solchen ein sicherer Wasserabschluß nach diesem Verfahren möglich ist.

Die Herstellung mehrerer stufenförmiger Absätze (Abb. 26 und 27) ist notwendig, weil bei einer einzigen Stufe die Möglichkeit vorhanden ist, daß der Schuh sich nicht auf allen Seiten ins Gebirge einschneidet, wenn nämlich, was meist der Fall zu sein pflegt, das Bohrloch nicht vollkommen senkrecht ist, so daß ein oberer und ein unterer Querschnitt des Bohrloches sich nicht decken. Auch dienen die Löcher mit kleinerem Durchmesser gewissermaßen als Vorbohrungen, die Auskunft darüber geben, ob das nach der Tiefe zu folgende Gebirge noch plastisch (Ton) ist und sich zur Absperrung eignet.

Die Herstellung der verschiedenen Absätze erfolgt durch Anwendung von Backenmeißeln mit horizontaler, gerader Schneide. Die Abnahme des Durchmessers des Bohrloches hängt von dem Gebirge ab, in dem der Abschluß erfolgen soll. Je lockerer und nachgiebiger das Gebirge ist, um so mehr Absätze werden hergestellt, um so größer ist der Unterschied in der Schneidenlänge der zur Anwendung kommenden Meißel.

Da der Schuh bei den tieferen Stufen mehr Gebirge abzuscheren hat, nimmt man diese für gewöhnlich immer etwas weniger hoch als die vorhergehenden. Bewegt sich der Rohrstrang trotz weiterer Spannung nicht mehr in die Tiefe, so wird mit dem Nachnahmebohrer das Innere des Rohrschuhes und etwa $1/2$ bis 1 m unterhalb seines Unterrandes der Rohrschuh freigebohrt.

2. Einpressen der Rohre in einen künstlich hergestellten Tonpfropfen.

Ist an der zur Absperrung vorgesehenen Stelle im Bohrloche keine geeignete Tonschicht vorhanden oder ist die Wassersperrung aus irgendeinem Grunde verunglückt, so kann man eine künstliche Tonschicht durch Einfüllen von Tonkugeln in das Bohrloch herstellen.

Zu diesem Zwecke wird das Bohrloch möglichst erweitert, mit klarem Wasser ausgespült und 10 bis 15 m hoch mit Tonkugeln verfüllt. Die Tonkugeln haben einen Durchmesser von etwa 5 bis 6 cm und werden mit der Hand aus plastischem, möglichst gleichmäßigem Ton geformt, der frei von fremden Beimengungen sein muß. Die Kugeln werden in kleinen Abständen in das Bohrloch geworfen, so daß sie sich nicht festklemmen können. Jedesmal, nachdem die Kugeln 2 bis 3 m hoch im Bohrloch aufgefüllt sind, werden sie mit einem Stampfer, der an einer Schwerstange mittels eines Seiles eingelassen wird, festgestampft.

In diese Tonschicht werden die Rohre eingepreßt. Sollten diese durch ihr eigenes Gewicht jedoch gleich zur Sohle gehen, so ist die Wasserabsperrung als mißlungen zu betrachten.

3. Anwendung von Dickspülung.

Bei Besprechung der Wirkung der Spülbohrverfahren bei der Verwässerung von Ölfeldern war schon darauf hingewiesen worden, daß die unter Druck stehende Dickspülung imstande ist, die Poren sandiger, wasserführender Gesteine zu verkleben. Davon macht man in den kalifornischen Ölfeldern praktische Anwendung, besonders wenn es sich darum handelt, nach Durchbohrung öl- bzw. wasserführender Schichten aus einem tieferen Ölhorizont zu produzieren. Dann werden die oberen öl- bzw. wasserführenden Schichten ohne Unterbrechung unter Anwendung von Dickspülung durchbohrt und erst vor Erreichung des eigentlichen Öllagers regelrecht abgesperrt. Die Anwendung der Dickspülung verhindert dabei, daß sich die Flüssigkeiten aus den Schichten oberhalb der eigentlichen Absperrung miteinander vermischen können. Der Hauptvorteil ist der, daß durch Anwendung der Dickspülung an Rohren gespart wird, da in diesem Falle nicht jede Wasserschicht oder Ölschicht einer besonderen Absperrung durch einen besonderen Rohrstrang bedarf. Ambrose [1, S. 157] erwähnt einen Fall, bei dem durch Anwendung von Dickspülung über 6000 $ an Rohren gespart wurden.

Nach einem Berichte des kalifornischen State Oil and Gas Supervisor hat sich die Anwendung von Dickspülung in 85 % von 600 Bohrlöchern als erfolgreich erwiesen.

Die Dickspülung wird gewöhnlich durch das Bohrgestänge oder die Verrohrung unter einem Druck von 15 bis 20 at eingepreßt. Sie steigt zwischen der Verrohrung und Bohrlochwand hoch und tritt über Tage wieder aus. Das Verfahren wird solange fortgesetzt, bis der Spülverlust weniger als 2 Faß je Stunde beträgt.

Ein ähnliches Absperrungsverfahren unter Anwendung von feinstem Tonschlamm beschreibt Iscu [16]. Dabei soll der hydrostatische Druck der Spülung allein genügen, die Schlammteilchen zur Verfestigung und zum Eindringen in die Gesteinsporen zu veranlassen.

4. Anwendung von Packern.

Man versteht hierunter hohle, zylinderförmige Körper aus Kautschuk, Hanf, Kanevas oder anderen Stoffen, die auf der Verrohrung befestigt sind. Durch Aneinanderschieben der beiden Enden des zylinderförmigen Dichtungsmaterials wird der abdichtende Stoff zusammengequetscht und seitlich ausgebaucht, so daß er den Raum zwischen Verrohrung und Bohrlochwand bzw. den Raum zwischen zwei Rohrsträngen abdichtet.

Die Nachteile der Packer bestehen darin, daß sie nur eine geringe Lebensdauer besitzen und daher nicht zur dauernden erfolgreichen Wasserabsperrung benutzt werden können. Man verwendet sie hauptsächlich in flachen Bohrungen, in denen der Wasserzufluß keine sehr große Rolle spielt. Andererseits bieten sie den Vorteil der Billigkeit gegenüber den übrigen Absperrverfahren.

Das Aneinanderrücken der Enden des Dichtungskörpers kann entweder durch Aneinanderpressen von seinen Enden her durch das Gewicht der auf ihm lastenden Verrohrung oder durch Niederschrauben der Verrohrung mit Hilfe besonderer Gewindeeinrichtungen erfolgen.

Rohrschuhpacker (Bottom-hole packers) werden am unteren Ende des Rohrstranges befestigt, mit dem die Wasserabsperrung ausgeführt werden soll. Sie dichten den Raum zwischen Rohrtour und Bohrlochswandung am unteren Ende der Rohrtour ab. Der Packer (Abb. 28) wird bei seinem Einbauen gestreckt gehalten durch kupferne Niete, welche zwei teleskopartig ineinander verschiebbare Rohrstücke (*b* und *d* Abb. 28) in ihrer gegenseitigen Lage festhalten. Diese Niete werden jedoch abgeschert, wenn das ganze Gewicht des Rohrstranges auf der Bohrlochsohle aufruht. Alsdann schieben sich die beiden Rohrstücke

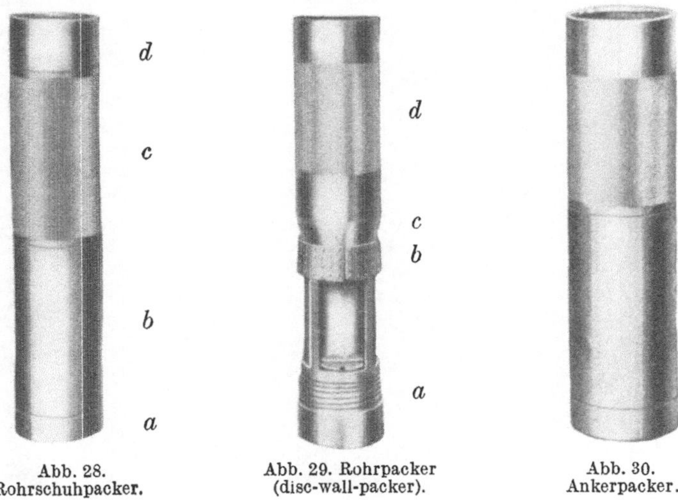

Abb. 28.
Rohrschuhpacker.

Abb. 29. Rohrpacker
(disc-wall-packer).

Abb. 30.
Ankerpacker.

teleskopartig ineinander, wobei der Kautschuk (*c* Abb. 28) breitgequetscht und gegen die Bohrlochswand gedrückt wird. Das untere Ende des Packers besteht aus einem festen Rohrschuh (*a* Abb. 28), während das obere (*d* Abb. 28) mittels Gewinde an die Rohrtour angeschraubt wird.

Rohrpacker (wall packers) dienen dazu, den zylinderringförmigen Raum zwischen zwei Rohrsträngen oder zwischen der Verrohrung und der Bohrlochwand an einer beliebigen Stelle abzuschließen.

Diese Packer haben an ihrem oberen und unteren Ende Gewinde zur Befestigung der Verrohrung. Der disc-wall-packer (Abb. 29) besitzt in seinem Innern eine horizontale Scheibe aus Gußeisen, durch die eine starke Feder (*a* Abb. 29) in Spannung gehalten wird. Die gußeiserne Scheibe wird durch einen in das Bohrloch geworfenen Gegenstand zertrümmert, wenn der Packer an der Stelle angelangt ist, an der man das Wasser absperren will. Durch die Zertrümmerung der Scheibe wird die Feder gelöst und diese drückt vier starke, mit Widerhaken versehene

Klemmkeile (*b* Abb. 29) auf das konisch nach unten sich verjüngende Rohrstück *c*. Dadurch werden die Klammern gegen die Bohrlochswand oder den weiteren Rohrstrang gepreßt und helfen so das Gewicht des über ihnen befindlichen Rohrstranges tragen. Dieser aber preßt das Gummistück *d* auseinander und drückt es gegen die Wand wie oben beschrieben.

Ankerpacker (Abb. 30) wirken ebenfalls durch das Gewicht eines Teiles der Rohrsäule, die sich oberhalb des Packers befindet, jedoch unter der Bedingung, daß der untere an den Packer angeschraubte

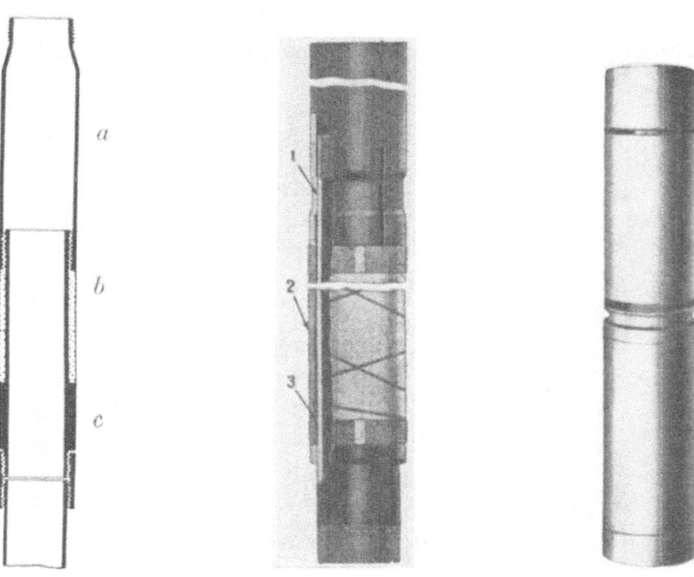

Abb. 31. Schnitt durch einen Schraubpacker mit Kautschukdichtung.

Abb. 32. Schnitt durch einen Schraubpacker mit Jutedichtung.

Abb. 33. Schraub-Ankerpacker.

Teil des Rohrstranges sich gegen die Bohrlochsohle stemmt. Aus diesem Grunde besitzt der Schuh des Packers ein Innengewinde. Die Länge des unter dem Packer befindlichen Rohrstranges richtet sich nach dem Abstande der Packstelle von der Bohrlochssohle. Sie sind also ganz ähnlich gebaut wie die Rohrschuhpacker nur mit dem Unterschiede, daß sie an ihrem unteren Ende nicht einen Rohrschuh, sondern einen Teil des Rohrstranges oder den erwähnten Anker tragen.

Der Robinson-screw-down-packer ist ein Schraubpacker (Abb. 31 bis 33). Bei ihm wird das Dichtungsmaterial dadurch auseinandergequetscht, daß das obere von zwei Rohrstücken (*a* Abb. 31) in das untere (*c* Abb. 31) eingeschraubt wird. Dabei wird das Dichtungsmaterial *b* auseinandergepreßt. Abb. 32 zeigt bei *1* das Gewinde, durch das die beiden Rohrstücke vor dem Einbauen in ihrer gegenseitigen

Lage festgehalten werden. *2* stellt die Jutepackung dar, *3* ist ein Blei-
konus, auf dem die Jutepackung nach außen gedrückt wird. Man kann
den Schraubpacker dazu verwenden, einen kur-
zen Rohrstrang an seinem oberen und unteren
Ende mit Hilfe je eines Packers wasserdicht
einzubauen, ohne daß die Verrohrung bis zur
Oberfläche oder bis auf die Bohrlochsohle zu
reichen braucht.

In harten Gesteinen verwendet man am
besten Kautschukpacker, in lockeren Sanden
besser solche aus Kanevas.

Um Verwässerung von gasführenden Schichten zu vermeiden und den Verlust von Gasen
zu verhindern, müssen häufig gasdichte Packer
angewandt werden. Abb. 34 zeigt Packer, wie
sie von Pois [36] mit Erfolg in den siebenbür-
gischen Gasfeldern benutzt wurden. Sie besitzen
eine aus Jutefäden und Bändern spiralförmig
angeordnete und außen durch eine Bänder-
flechtung geschützte Wicklung, die durch das
Gewicht eines Hilfsrohrstranges zusammen-
gepreßt oder gestampft wird. Dadurch weicht
das Dichtungsmaterial in radialer Richtung aus
und wird gegen die Bohrlochswände gedrückt.

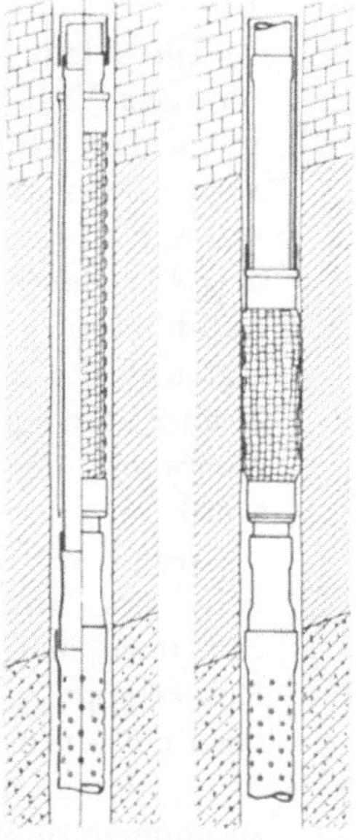

Abb. 34. Siebenbürgische
Schlagpacker für Gasboh-
rungen. Nach Pois.

5. Zementierverfahren.

Das sicherste Verfahren zur Absperrung der Wasserschichten ist
das Zementieren. Mit diesem Verfahren wird gleichzeitig noch der
Vorteil verbunden, daß die Rohre vor dem Lockerwerden bei einem
Ölausbruch gesichert, sowie gegen Korrosionswirkungen durch das
Salzwasser in dem zementierten Teile geschützt sind. Dem steht allerdings der Nachteil gegenüber, daß die zementierten Rohre nicht wieder
gewonnen werden können.

Zur Zementierung verwendet man am besten Portlandzement, der
in dem Verhältnis 1 : 1 mit Wasser gemischt wird. Er wird in den
zylinderförmigen Hohlraum zwischen Verrohrung und Bohrlochwand
eingebracht, nachdem das Bohrloch genügend lange mit frischem
Wasser zur Beseitigung etwaiger Ton- und Schlammreste klar ausgespült worden ist.

Das Einbringen des Zementes in diesen zylinderförmigen Hohlraum
kann auf dreierlei Weise geschehen:

α) Durch die Zementierbüchse,

β) durch Einpumpen mit Hilfe besonderer Zementierrohre,

γ) durch Einpumpen unmittelbar durch die Verrohrung.

α) Zementierung mit Hilfe der Zementierbüchse.

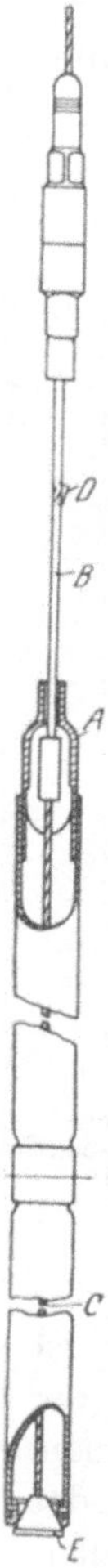

Das älteste Verfahren ist dasjenige, bei dem der Zement mit Hilfe einer besonderen Büchse eingebracht wird.

Diese (Abb. 35) besitzt an ihrem unteren Ende ein kegelförmiges Ventil E. An dies Ventil greift ein Drahtseil C an, mit dessen Hilfe die gefüllte Büchse in das Bohrloch eingelassen wird. Beim Eintreffen auf die Bohrlochsohle wird das Drahtseil schlaff und gleitet einige Fuß durch die Öffnung des Bügels A hindurch nach unten. Hierbei wird eine spreizbare Nase D mit hindurchgezogen. Wird jetzt das Drahtseil angespannt, so legt sich die Nase unter den Bügel und das Ventil öffnet sich. Früher standen auch Zementierbüchsen mit gläsernem Boden in Gebrauch, der beim Auftreffen auf die Sohle zertrümmert wurde.

Wenn auf der Sohle sich genügend Zement gesammelt hat, hebt man den Rohrstrang ein wenig an, damit der Schuh einige Fuß über dem Zement sich befindet. Alsdann wird der ganze Rohrstrang bis zu seinem oberen Ende mit Wasser gefüllt und oben mit einem Pfropfen verschlossen. Jetzt läßt man den Rohrstrang langsam auf die Bohrlochsohle. Da das Wasser kaum zusammendrückbar ist, wird der Zementbrei um den Unterrand des Rohrschuhes herum außen an diesem hochgepreßt.

Um dieses Einpressen des Zementes noch sicherer durchzuführen, wird zuweilen der Rohrschuh mit einem gußeisernen Verschluß versehen, der beim erneuten Hinunterlassen der Rohrkolonne den Zement noch sicherer als das Wasser hinter die Rohre drückt.

Am häufigsten wird für diese Zwecke der sogenannte „sure-shot" (Zementierpflock nach Baker) gebraucht (Abb. 36). Es ist dies ein gußeiserner Körper, der am unteren Ende der Schlammbüchse befestigt in das Bohrloch eingelassen wird. Wird der Widerstand des Wassers beim Einlassen des Pflockes in das Bohrloch zu groß, so schlägt die Schlammbüchse auf den oberen Teil des Zementierpflockes und öffnet dadurch ein an seinem unteren Ende befindliches Ventil, so daß Wasser hindurchdringen kann. Nach dem Durchtritt durch die Rohrkolonne wird der Pflock durch einen kurzen Ruck vom Seil abgerissen, wodurch das Ventil sich schließt und der Pflock mittels einer Ledermanschette den Rohrschuh nach unten abdichtet. Der Pflock selbst wird später mit dem etwa in das Rohr eingedrungenen Zement ausgebohrt.

Die Vorteile dieses Verfahrens bestehen in dem

Abb. 35. Zementierbüchse.

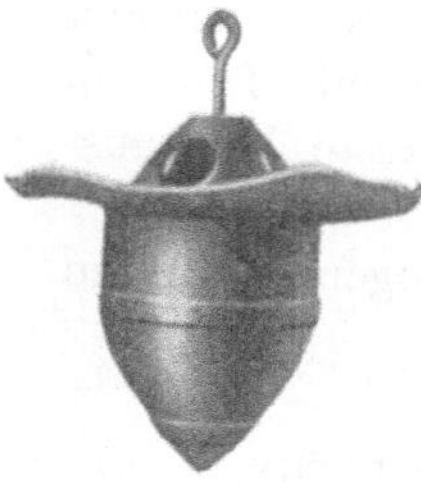

Abb. 36. Zementierpflock nach Baker.

geringen Zement- und Wasserverbrauch, sowie in der einfachen Handhabung des Verfahrens. Nachteilig wirkt dagegen, daß das Verfahren bei hohem Gas- oder Wasserdruck nicht anwendbar ist, und daß nur geringe Zementmengen eingebracht werden können. Infolgedessen ist die abdichtende Wirkung auch nicht so sehr sicher.

β) Zementierung durch Einpumpen mit Hilfe besonderer Zementierrohre.

Das Einbringen des Zementes durch die Zementierbüchse gilt heute im allgemeinen als veraltet. Häufiger bringt man den Zementbrei durch ein besonderes Zementiergestänge (oder durch das Bohrgestänge beim Rotaryverfahren) unter Druck auf die Bohrlochsohle.

Die Zementierrohre (z. B. 3″-Gestänge) werden innerhalb der Verrohrung (Abb. **37**) in das Bohrloch eingelassen. Das untere Ende des Gestänges verjüngt sich etwas

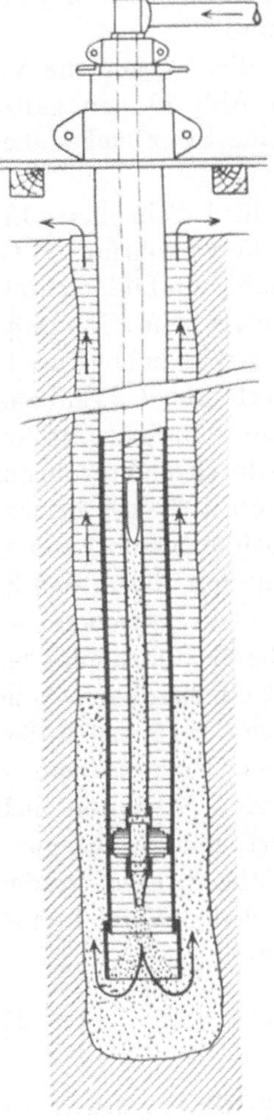

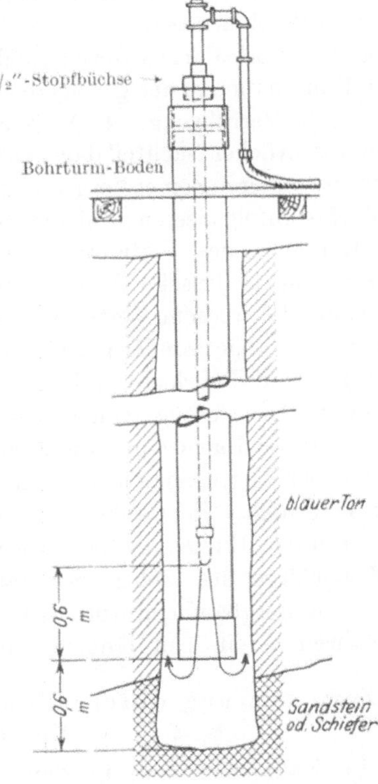

Abb. 37. Bohrloch-Zementierung durch das Gestänge. Nach Halder.

Abb. 38. Bohrloch-Zementierung durch das Gestänge. Nach Halder.

Kauenhowen, Erdölfelder.　　　　4

konisch und ist durch eine angeschraubte Dichtung gegen die Verrohrung dicht abgeschlossen. Der Rohrschuh steht mehrere Meter über der Bohrlochsohle. Es wird zunächst klares Wasser durch das Gestänge gepumpt, um das Bohrloch auszuspülen. Darauf wird die vorher genau berechnete Menge Zementbrei eingefüllt und auf diese ein konisch zugespitzter Holzpflock gesetzt, der den Innendurchmesser des Gestänges besitzt. Auf ihn wird wieder klares Wasser gepumpt.

Der Holzpflock hat einmal den Zweck, eine Vermischung des Zementes mit dem Spülwasser zu vermeiden. Ist aller Zementbrei durch das Gestänge gedrückt, so setzt sich der Holzpflock in dem unteren Ende des Gestänges fest, wodurch der am Manometer ablesbare Pumpendruck sofort steigt. Auf diese Weise ist man genau darüber unterrichtet, wann aller Zement das Gestänge verlassen hat und wann man den Rohrstrang auf die Bohrlochsohle setzen muß.

Statt das Gestänge an seinem unteren Ende dicht gegen die Verrohrung abzuschließen, kann man auch wie in Abb. 38 den ganzen Rohrstrang mit Wasser füllen und oben durch eine Stopfbüchse dicht abschließen. Die Wirkung ist dieselbe.

Die Vorteile des Verfahrens bestehen in folgendem: 1. Schnelleres Einbringen des Zementesals bei dem Einpumpen durch die Verrohrung. 2. Geringer Wasserbedarf. 3. Geringere Möglichkeit der Hohlraumbildung hinter den Rohren infolge der geringeren Wasserbewegung als beim Einpumpen durch die Verrohrung. 4. Anwendungsmöglichkeit sehr hoher Drucke. Ein wesentlicher Nachteil dagegen ist es, daß das Verfahren das Einbauen eines besonderen Zementiergestänges notwendig macht. Der gesamte Zeitbedarf ist infolgedessen größer als beim Einpumpen durch die Verrohrung.

Ein ähnliches Verfahren wurde von Lupascu [27] beschrieben. Über seine praktische Anwendung ist jedoch noch nichts bekanntgeworden. Bei diesem Verfahren wird Zement nicht nur durch das Zementiergestänge sondern gleichzeitig auch von oben zwischen Verrohrung und Bohrlochwand mittels eines besonderen Rohrkopfes eingepreßt. Die Vorzüge sollen darin bestehen, daß ein besonders hoher Druck anwendbar ist und die Zementierung entlang der ganzen Außenfläche der absperrenden Kolonne und im weiteren Umkreise um sie herum erfolgt. Es werden also die wasserführenden Schichten nicht nur in ihrem Hangenden oder Liegenden abgesperrt, sondern das ganze Nebengebirge des Bohrloches kann als solches abgedichtet werden, wie es im Bergbau beim Abteufen von Schächten nach dem Versteinungsverfahren bereits seit längerem in Anwendung steht.

γ) **Zementierung durch Einpumpen unmittelbar durch die Verrohrung.**

In Kalifornien und in den Mid-Continentfeldern ist ein drittes Zementierverfahren sehr gebräuchlich, das sich auch in vielen

europäischen und anderen Ölländern Eingang verschafft hat. Bei
diesem Verfahren wird der Zementbrei unmittelbar durch die Verrohrung eingepumpt. Nach dem Erfinder der dabei benutzten Einrichtungen trägt es die Bezeichnung „Perkins-Verfahren‘‘.

Die wesentlichen Teile dieses Verfahrens bestehen in zwei Holz-
pflöcken (Abb. 39), die in den Rohrstrang eingeführt werden und zum
Trennen des Zementes von der Spülflüssigkeit sowie zum Anzeigen
der Beendigung des Zementierens dienen.

Beide Holzpflöcke bestehen aus weichem Holz, damit sie später
leicht wieder ausgebohrt werden können. Sie besitzen beide nahezu

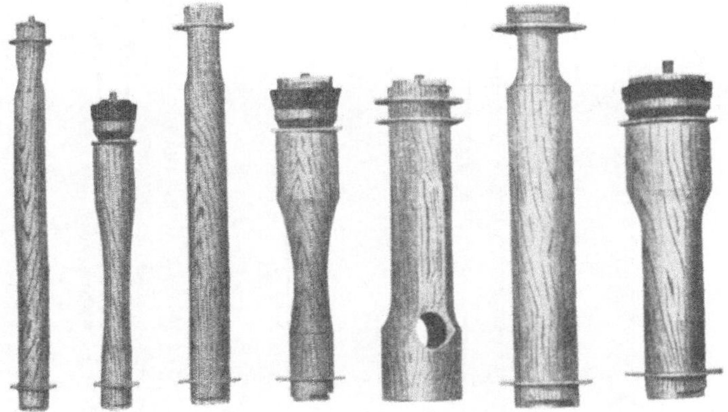

Abb. 39. Holzpflöcke für das Zementierverfahren. Nach Perkins.

den gleichen Durchmesser wie die Rohre in ihrem Innern, so daß sie
leicht durch die Rohre hindurchgleiten können. Der untere Holzpflock
ist etwa 90 cm lang, verjüngt sich nach oben zu und besitzt an seinem
oberen Ende zwei Gummidichtungen. An seinem unteren Ende ist er
zum Durchtritte der Spülung und des Zementes Y-förmig durchbohrt.
Der obere Holzpflock besitzt an seinem oberen Ende zwei nicht nach-
giebige Dichtungen.

Das Bohrloch wird durch Nachnahmebohrer an der Absperrungs-
stelle zur Aufnahme des Zementes etwas erweitert und der Rohrstrang so aufgehängt, daß der Unterrand des Rohrschuhes sich etwa
50 cm oberhalb der Bohrlochsohle befindet (Abb. 40).

In das mit Dickspülung noch gefüllte Bohrloch wird von oben her
zunächst der untere Holzpflock eingeführt und der Zement eingepumpt.
Der untere Holzpflock sinkt mit dem darüber befindlichen Zement in
die Tiefe (Stadium I u. II Abb. 40) und drückt die Spülung aus der
Verrohrung heraus in den Zwischenraum zwischen Rohr und Bohrlochwand. Ist der untere Pflock auf der Bohrlochsohle angekommen, so
ragt er mit seinem oberen Ende noch etwas in den Rohrschuh hinein

(Stadium III Abb. 40). Der Zement dringt durch die Durchbohrungen des Holzpflockes hindurch in den zu zementierenden Zwischenraum.

Nach Einpumpen des Zementes wird der obere Holzpflock eingeführt und auf diesen Wasser gepumpt (Stadium III Abb. 40). Trifft nun der obere Holzpflock auf den unteren (Stadium IV Abb. 40), so ist aller Zement aus der Verrohrung herausgedrückt. Gleichzeitig

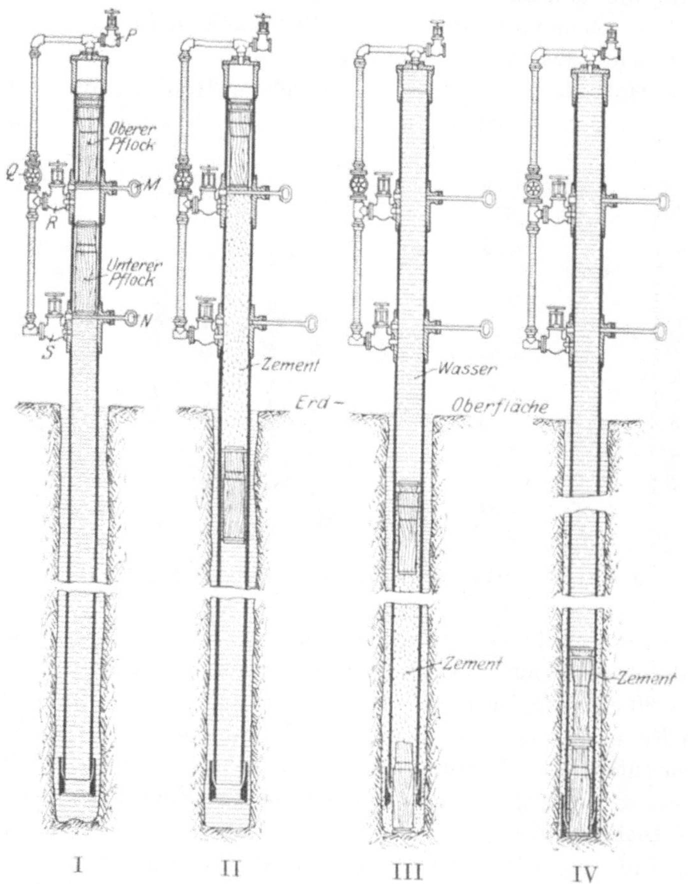

Abb. 40. Ausführungsstadien der Bohrloch-Zementierung nach Perkins.

steigt der Pumpendruck sehr stark an, da das Wasser an der Dichtung des jetzt feststehenden oberen Pflockes nicht vorbei kann. Schließlich bleiben die Pumpen stehen. An dem Steigen des Druckes erkennt man somit die Beendigung des Zementiervorganges. An einem gußeisernen Rückschlagventil, das meist am Rohrschuh angebracht und später ausgebohrt wird (Abb. 41), wird der Zement verhindert, wieder in die Verrohrung zurückzufließen. Nunmehr wird der Rohrstrang gelöst und der Rohrschuh auf die Bohrlochsohle gestellt. Man hält den erhöhten Druck innerhalb des Bohrloches durch Schließen eines Ventiles auf dem Rohrkopfe noch einige Zeit aufrecht, bis der Zement abgebunden ist. Darauf erfolgt die Prüfung der Wasserabsperrung.

Die weiteren zur Ausführung der Zementierung erforderlichen Einrichtungen zeigen die Abb. 42—44.

Wichtig ist der Zementierkopf (Abb. 42 und 43) mit den beiden Schraubenspindeln M und N, die zum Festklemmen der beiden Holzpflöcke vor ihrer Einführung dienen. Bei P kann ein Manometer angeschraubt werden.

Das Mischen des Zementes mit etwa 40 bis 60% Wasser geschieht durch fünf Mann mittels eiserner Stangen in zwei Bottichen (Abb. 44), in die der Zement gegeben und worauf aus einer Schlauchleitung das Wasser gespritzt wird. Aus den beiden Mischbottichen läuft der Zementbrei einem Saugbottich zu und wird von hier durch zwei Pumpen in das Bohrloch gepreßt. Es findenstetszweiPumpen Anwendung (Abb. 44): eine für 18 at und eine für 70 at. Das zur Mischung benutzte Wasser wird durch einenWassermesser gemessen, von einer der Pumpen angesaugt und durch die Schlauchleitung auf den Zement gespritzt.

BeimEinpumpendes Zementes erzeugt dieser durch sein Gewicht zunächst einen Unterdruck in der Rohrleitung, wobei diese wie ein Heber wirkt und

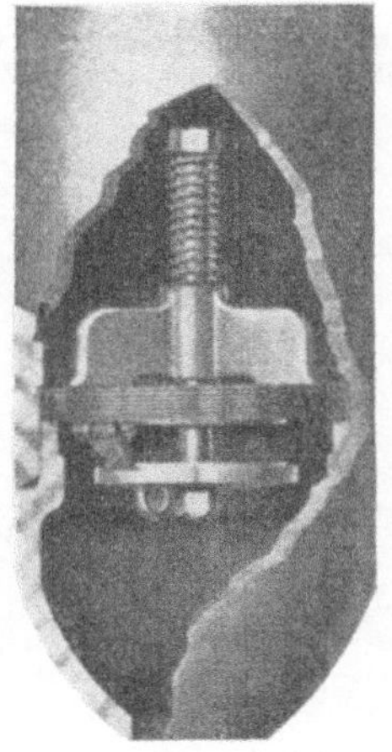

Abb. 41. Gußeisernes Rückschlagventil zur Verhinderung des Rückfließens von Zement in die Verrohrung.

Abb. 42. Zementierkopf für das Verfahren nach Perkins.

den Zement gewissermaßen durch die Pumpe, die hierbei sehr schnell läuft, hindurchsaugt. Ist das Gleichgewicht zwischen der Flüssigkeitssäule innerhalb und außerhalb des Bohrloches hergestellt, so steigt der Pumpendruck, so daß die Hochdruckpumpe benutzt werden muß. Der ganze Zementiervorgang muß innerhalb einer Stunde beendet sein. Es wird ausschließlich guter Portlandzement verwendet. Die Länge des Zementzylinders beträgt etwa 15 bis 30 m.

Die Vorteile des Verfahrens sind folgende: 1. Gleichmäßiges Auf-

steigen des Zementes unter guter Entfernung der Dickspülung. 2. Es
kann sowohl für Rotary und pennsylvanisch oder nach einem anderen
Verfahren gebohrte Löcher Anwendung finden. Nachteile bestehen

Abb. 43. Zementierung nach Perkins in Moreni (Rumänien). Vorn Zementierkopf, im Hintergrunde
die Pumpen zum Einpressen des Zementes.

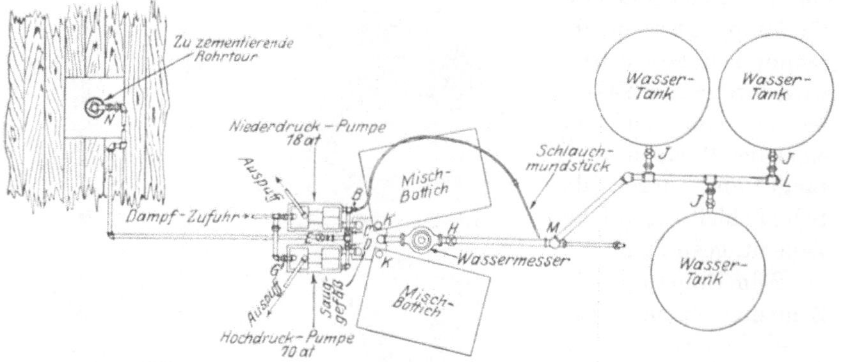

Abb. 44. Tagesanlagen für das Zementieren nach Perkins.

darin, daß das Verfahren für größere Bohrlochsdurchmesser nicht anwendbar ist und die Flüssigkeitssäule sich längere Zeit hinter der Verrohrung in Bewegung befindet.

6. Absperrung von Liegendwasser.

Die bisher beschriebenen Verfahren bezogen sich in erster Linie
auf die Absperrung von hangenden Wasserschichten. Die Absperrung
von Liegendwasser ist einfacher.

Man verwendet hierzu Holz-, Blei-, Leder- oder Gummipflöcke
nach Abb. 45 bis 49. Abb. 50 zeigt einen solchen Bleipfropfen, der

durch Schlagen von oben auf einen konischen Dorn fest an die Bohrlochwandung gepreßt wird und diese abdichtet.

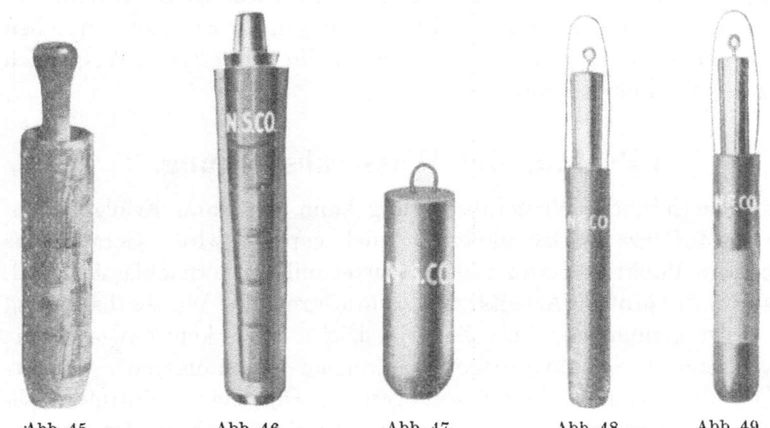

Abb. 45.   Abb. 46.   Abb. 47.   Abb. 48.   Abb. 49.

Abb. 45—49. Holz-, Blei-, Leder- oder Kautschukpflöcke zur Abdichtung der Bohrlochsoble gegen
Liegendwasser.

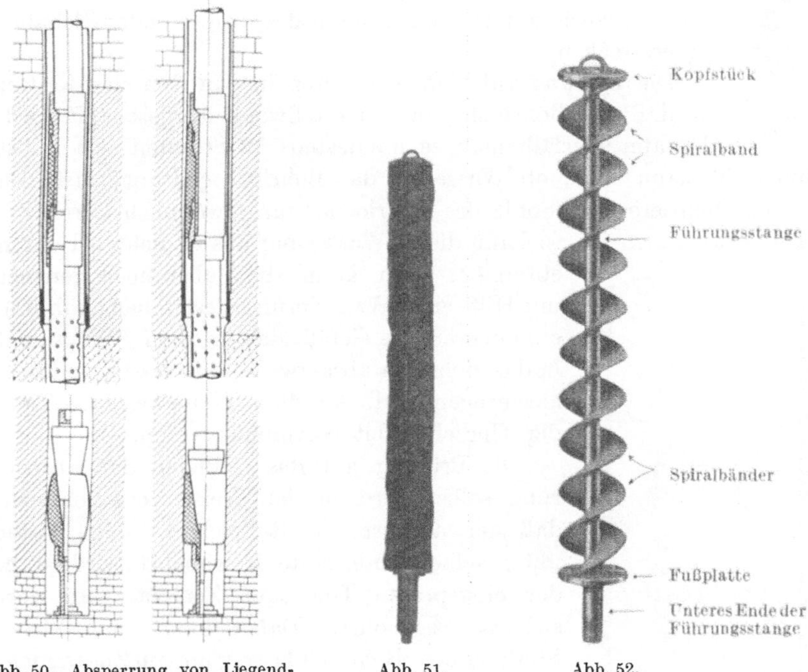

Abb. 50. Absperrung von Liegend-   Abb. 51.   Abb. 52.
wasser durch einen Bleipflock.   Guiberson-Crowell-Pflock.
Nach Pols.

Der Guiberson-Crowell-Pflock (Abb. 51 und 52) besteht aus zwei
starken in Spannung gehaltenen Spiralfedern, in deren Zwischenräume
mit Teer getränkter Werg gestopft ist. Der Pflock kann mit Hilfe

eines unten anschraubbaren Distanzgestänges in beliebiger Höhe über der Bohrlochsohle aufgestellt werden. Durch Schläge mit irgendeinem Gegenstande auf das obere Ende des Pflockes wird ein Holzstückchen, welches die Federn in Spannung hält, zerschlagen, die Spiralfedern ziehen sich zusammen und pressen dabei den in ihr enthaltenen Werg nach außen an die Bohrlochwand.

c) Prüfung der Wasserabsperrung.

Eine ausgeführte Wasserabsperrung kann nur dann Erfolg haben, wenn sie auf ihre Wirksamkeit hin auch geprüft wird. Gerade dies ist aber ein Punkt, der von vielen Bohrtechnikern vernachlässigt wird. Oft wird unter großem Arbeits- und Zeitaufwand eine Wasserabsperrung vorgenommen, ihre Zuverlässigkeit aber keineswegs untersucht. So können trotz zahlreicher vorgenommener Wasserabsperrungen Verwässerungen in Ölgebieten eintreten, da die vorgenommenen Absperrungsarbeiten ihren Zweck entweder gar nicht oder nur teilweise erfüllten.

Die „Wasserprobe" hat sich auf die Undichtigkeiten in den Rohren, sowie auf Undichtigkeiten des absperrenden Schuhes zu erstrecken.

Abb. 53.
Wasser-
prüfer.

Die Prüfung auf Undichtigkeiten in den Rohren erfordert es, daß das Bohrloch ganz oder teilweise leergeschöpft wird. Alsdann überläßt man es mindestens 12 Stunden sich selbst und sieht dann nach, ob Wasser in das Bohrloch gedrungen ist. Da beim Zementieren die Sohle des Bohrloches für gewöhnlich durch Zement geschlossen ist, so kann dieses Wasser nur aus undichten Rohren stammen. Man kann dies aber noch genauer mit Hilfe eines Wasserprüfers feststellen (Abb. 53), ein eimerartiges Gefäß, das an dem Schöpflöffel in das Bohrloch absatzweise eingelassen und herausgezogen wird. Auf diese Weise kann die Tiefe der Undichtigkeit bestimmt werden.

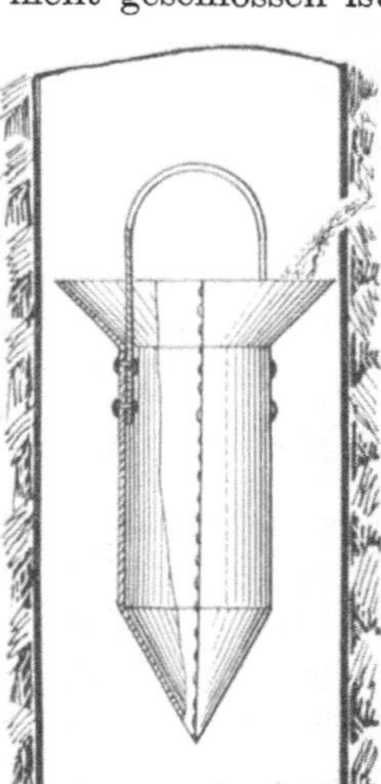

Abb. 54. Wasserprüfer im
Gebrauch. Nach Schweiger.

Die Prüfung auf das Gelingen der Absperrung selbst wird in der Weise vorgenommen, daß der absperrende Rohrschuh einige Meter unter seiner Unterkante freigebohrt wird, d. h. der eingepreßte Ton oder Zement wird vorsichtig ausgebohrt. Dabei kann man etwas Spülung dem Bohrloch lassen, um ein Zusammendrücken der Rohre zu vermeiden.

Die Frage, ob das Bohrloch zur Wasserprobe ganz oder nur teilweise ausgeschöpft werden soll, hängt von den örtlichen Bedingungen ab. Nach

Swigart [46] sollte der Spiegel so weit gesenkt werden, daß der Unterschied zwischen den Flüssigkeitsspiegeln außerhalb der Verrohrung mindestens 300 bis 600 m beträgt. Das teilweise Ausschöpfen muß angewendet werden, wenn der äußere Druck auf die Verrohrung den zulässigen Druck auf diese bei zweifacher Sicherheit übersteigen würde. Auf alle Fälle sollten genügend starke Rohre verwandt werden, da bei der Ausbeutung des Bohrloches oft genug der Flüssigkeitsspiegel bis auf das Niveau des Ölsandes oder noch tiefer gesenkt werden muß.

Bei der Wichtigkeit der Wasserprobe haben alle erdölgewinnenden Länder, mit Ausnahme Preußens, Vorschriften über die Prüfung der Wasserabsperrung erlassen. Sehr eingehend sind z. B. die galizischen Vorschriften. In den U.S.A. wird die Art und Weise der Prüfung der Wasserabsperrung jeweils von dem staatlichen Aufsichtsbeamten vorgeschrieben (s. Anlage S. 73).

Aber auch diese Vorschriften genügen keineswegs in allen Fällen, sondern sind heftiger Kritik ausgesetzt. Gegen die rumänischen Vorschriften haben sich z. B. Iscu [16] sowie Lupascu [27] gewandt und Wiechelt [52] weist durch folgendes Beispiel auf die Zwecklosigkeit schematischer Vorschriften hin.

Nach den in Rumänien üblichen Bestimmungen gilt das Wasser in einem Bohrloche als abgesperrt, „wenn bei der Wasserschöpfprobe der Wasserstand im Bohrloch bei einer Bohrlochleere von $^{1}/_{2}$ Bohrlochtiefe plus 10 m sich während 24 Stunden nachweislich konstant hält. Das Bohrloch sei 300 m tief. Der Wasserhorizont liege bei 250 m. Derselbe befinde sich aber nur unter einem geringen Druck, sagen wir von 5 at. Das Wasser würde dann im Bohrloche bis 200 m steigen. Nach der Vorschrift genügt aber nach erfolgter Wasserabsperrung als Probe das Bohrloch $^{1}/_{2} \cdot 300 + 10$ m $= 160$ m zu entleeren. Bei dieser Bohrlochleere wird sich das bei 250 m angebohrte Wasser, selbst wenn es nicht abgesperrt ist, überhaupt nicht bemerkbar machen; die Probe ist also vollkommen unnütz gewesen.

Klarheit würde man in diesem Falle nur erhalten, wenn man eine andere Vorschrift, nach der von der rumänischen Bergbehörde auch in manchen Fällen gearbeitet worden ist, anwendet, die besagt, das Bohrloch bei der Wasserprobe 50 m tiefer zu entleeren, als der Spiegel des erbohrten Wasserhorizontes sich einstellt. Im obigen Falle würde daher das Bohrloch auf $200 + 50 = 250$ m zu entleeren sein. Hält sich der Wasserspiegel bei dieser Bohrlochtiefe während 24 Stunden konstant, so weiß man, daß der Horizont nach unten abgeschlossen ist, da durch den Rohrschuh kein Wasser von oben aus der wasserführenden Schicht mehr durchdringt".

Aus diesem Beispiel ergibt sich, daß sich nicht schematische Bestimmungen über die Prüfung der Wasserabsperrung aufstellen lassen. Deren Kontrolle wird man am zweckmäßigsten dem Ermessen des betreffenden örtlichen bergbehördlichen Aufsichtsbeamten überlassen müssen.

d) Verfüllen alter Bohrlöcher.

Verwässerungen können auch von alten, aufgegebenen oder trocken gebliebenen Bohrlöchern ausgehen, wie es die Abb. 12 bis 15 zeigen. Denn auch in derartigen Bohrlöchern werden ja unterirdische Verbindungen zwischen wasser- und ölführenden Schichten hergestellt. Infolgedessen ist die sorgfältige Verfüllung dieser Bohrlöcher in allen Ölfeldern bergbehördlich vorgeschrieben. Die Rohre dürfen aus solchen aufgegebenen Bohrlöchern nur unter Anwendung besonderer Sicherheitsmaßregeln gezogen werden. Allgemeine Regeln über das Verfüllen lassen sich jedoch nicht aufstellen. Es ist dabei jeweils nach dem vorliegenden Falle zu verfahren.

In U.S.Amerika muß die Art und Weise, wie die Verfüllung eines Bohrloches erfolgen soll, vorher dem Aufsichtsbeamten der Bergbehörde mitgeteilt werden. Dieser genehmigt sie oder schreibt Abänderungen vor. Vollkommen gleiche Bestimmungen bestehen auch im Oberbergamtsbezirk Clausthal.

Hauptprinzip bleibt dabei, daß Öl, Gas und Wasser nach Möglichkeit auf die Schichten beschränkt bleiben, in denen sie vorkommen. Dies kann durch Anwendung von Dickspülung oder Zement geschehen, die unter Druck in das aufgegebene Bohrloch gepreßt werden, oder das Bohrloch kann durch Holzpflöcke, Schlamm, Tonkugeln oder dgl. verfüllt werden. Besonderes Gewicht ist auf die sorgfältige Verfüllung aufgegebener Bohrlöcher innerhalb produzierender Felder zu legen, während bei Schürfbohrungen diese Vorschriften im allgemeinen nicht so scharf sind.

Da das sorgfältige Verfüllen von Bohrlöchern namentlich auch bei Kalisalzbohrungen eine wichtige Rolle spielt, so ist auch in Deutschland dem Verfüllen der Bohrlöcher besondere Beachtung geschenkt worden. Man kann dabei ganz ähnliche Verfahren anwenden, wie sie oben bei dem Zementierverfahren zur Wasserabsperrung beschrieben wurden. Beispiele für derartige Verfüllungsverfahren hat Spackeler [42] geschildert.

e) Anwendung von Gegendruck im Bohrloche.

In einem früheren Abschnitt war bereits darauf hingewiesen worden, wie wichtig es sei, unnötigen Gasverlusten aus den Bohrlöchern entgegenzutreten. Da das Gas das Öl zum Bohrloch drückt, so sollte eigentlich nur soviel Gas aus dem Bohrloch entweichen, wie notwendig ist, um das Öl zum Zufließen in das Bohrloch zu veranlassen. Die Gasmengen, die über diesen Zweck hinaus dem Bohrloch entströmen, können nicht mehr als Treibmittel für das in den Poren eingeschlossene Öl dienen. Daher sollte mit dem in den Gesteinsporen eingeschlossenen Gas so sparsam wie möglich umgegangen werden. Da die Gase auch auf etwaiges in die Ölschicht eindringendes Wasser einen Druck auszuüben vermögen, so kann durch Schutz des Gasvorrates eine Verwässerung hinausgeschoben werden.

Die auf eine bestimmte Menge gewonnenen Öles entströmende Menge Gas sollte also möglichst klein sein. Sie darf naturgemäß nicht so klein werden, daß die Ölproduktion des Bohrloches darunter leidet. Um dies Ziel zu erreichen, kann man das Bohrloch unter Gegendruck halten, indem man es mit einem gasdichten Rohrkopf versieht. An diesem sind eine Reihe von Ventilen angebracht, die es gestatten, den Druck des ausströmenden Gases nach Wunsch zu regeln. Der nötige Gegendruck kann schließlich auch dadurch hervorgerufen werden, daß man eine genügend hohe Flüssigkeitssäule im Bohrloch beläßt.

Je größer der Gegendruck ist, um so kleiner wird das Verhältnis Gas zu Öl. Auf diese Weise wird die Ölgewinnung über einen großen Zeitraum ausgedehnt. Die gesamte Ölgewinnung wird jedoch infolge Erhaltung des Gasdruckes und Fernhaltung des (Rand-)Wassers größer.

Bei Versuchen in Oklahoma wurde der Gegendruck von 0 auf 3,5 at erhöht, dabei sank die Ölförderung von 23,2 auf 18,5 Faß täglich. Die je Faß Öl produzierte Gasmenge sank jedoch von 230 auf 88,4 Kubikfuß. In einem anderen Falle wurde der Gegendruck von 0 auf 1,7 at erhöht. Die gewonnene Gasmenge sank von 14,96 auf 7,78 Kubikfuß je Faß Öl, ohne das die gewonnene Ölmenge dabei wesentlich abgenommen hätte.

Auch der Bericht des American Petroleum Institute [39, S. 56] kommt zu dem Ergebnis, daß die Anwendung von Gegendruck ein wirksames Mittel gegen Verwässerung sei, insbesondere gegen die Bildung von Wasserkegeln (s. S. 32) bei der Ausbeutung dicht untereinanderliegender Öl- und Wassersande.

Der Gasdruck einer Öllagerstätte kann geringer sein als derjenige Druck, der notwendig ist, um das Öl zum Fließen zu bringen. In einem solchen Falle kommt die Anwendung von Gegendruck naturgemäß nicht in Frage.

Auch in folgendem Falle ist das Gegendruckverfahren nicht anwendbar. Wenn z. B. auf einer Nachbarkonzession Öl lediglich bei Atmosphärendruck gewonnen wird, so wird durch Anwendung von Gegendruck das Öl auf das Gebiet des Nachbars nach den Stellen niederen Druckes hingepreßt. Gegendruck in produzierenden Brunnen ist daher nur dort anwendbar, wo dem einzelnen Unternehmer ein genügend großes, zusammenhängendes Produktionsgebiet zur Verfügung steht oder wenn sich alle Produzenten eines Feldes zur Anwendung des gleichen Verfahrens entschließen.

f) Gesetzliche Vorschriften zur Verhinderung von Verwässerungen.

Die Erkenntnis, daß Verwässerungen nur verhütet werden können, wenn alle an der Ausbeutung eines Ölfeldes Beteiligten sich zu gemeinsamem Vorgehen entschließen, hat vielerorts zu einem Zusammenschluß der an der Ausbeutung beteiligten Gesellschaften geführt. Vielfach werden dann von solchen Vereinigungen Ausschüsse eingesetzt, die durch angesehene Fachleute die Überwachung der Wasserabsperrung auszuführen haben. Die Verbreitung solcher Ausschüsse würde allgemeiner sein, wenn nicht die Gefahr bestünde, daß sich einzelne mächtige Gesellschaften über die Vorschriften hinwegsetzten und kleineren Unternehmern zwecklose Einschränkungen oder untragbare Lasten auferlegt würden.

Derartige Vorschriften können daher nur von völlig unparteiischer, allseitig anerkannter Seite erlassen und in ihrer Ausführung überwacht werden. So ist in allen ölproduzierenden Ländern der Staat als Aufsichtsbehörde aufgetreten und hat die bei der Ölgewinnung zu beachtenden technischen Gesichtspunkte durch die Bergbehörden regeln lassen. Im Anhang sind auf die Wasserabsperrung bezüglichen gesetzlichen Vorschriften einiger wichtiger Erdölländer wiedergegeben.

Am eingehendsten sind die galizischen (Anlage A 1 und 2 s. S. 62 ff.) und rumänischen (Anlage B s. S. 69) Vorschriften. Beide, namentlich die letzteren, sind durchaus auf Grund der geologischen Verhältnisse in den einzelnen Ölfeldern entworfen. Da diese in stratigraphischer und tektonischer Hinsicht sehr stark wechseln, sind die Vorschriften weitgehendst spezialisiert.

Im Gegensatz dazu stehen die kalifornischen Vorschriften (Anlage C s. S. 72). Dort sind gesetzlich nur die leitenden Gesichtspunkte festgelegt, während die Ausführung der einzelnen Bestimmungen in die Hand des staatlichen Überwachungsbeamten oder seiner örtlichen Vertreter gelegt ist.

Die im Oberbergamtsbezirk Clausthal gültigen Vorschriften (Anlage D s. S. 74) wurden auf Grund der früheren galizischen Vorschriften entworfen. Sie entsprechen bei den schwierigen Wasserverhältnissen in den hannoverschen Ölgebieten kaum den jetzigen Anforderungen. Ein Zwang, die vorgenommene Wasserabsperrung einer amtlichen

Nachprüfung zu unterziehen, erscheint als wünschenswerte Abänderung. § 41 der Vorschriften (s. S. 74) ist veraltet. In Bohrungen, in denen keine Wasserabsperrung erfolgt ist, können nicht nur die über der Erdöllagerstätte zusitzenden Wasser gefährlich werden, sondern, wie oben dargelegt wurde, auch die in und unter ihr. Eine „dauernde Entwässerung" dieser Bohrlöcher vorzunehmen, erscheint völlig abwegig, da dadurch das Übel nicht abgestellt, sondern höchstens noch verschlimmert wird. Eine Abänderung der bestehenden Vorschriften ist vom Oberbergamt Clausthal in Aussicht genommen.

Auch die argentinischen Vorschriften sind in der vorliegenden Form veraltet. Herr Ing. Platz, Leiter der staatlichen argentinischen Erdölgruben, teilt mir dazu folgendes mit: „Die Bergpolizei-Vorschriften, welche die Ausführung von Schurf- und Abbaubohrungen des Erdölbergbaues hierlands regeln, datieren vom 18. Oktober 1912, sind seinerzeit von Beamten, welche wenig Praxis in solchen Arbeiten besaßen, redigiert worden und heutzutage vollkommen veraltet und unzulänglich. Die Überwachung des Erdölbergbaues, der Schürfung und des Abbaues, liegt heute in Händen von Berginspektoren, welche, durch lange Praxis vollkommen vertraut mit der Materie, die Anwendung aller Bohr- und Produktionsmethoden in allen Situationen der Arbeiten gestatten, solange nur die Sicherheit der Lagerstätte und die Gewinnung eines möglichst großen Teiles des existierenden Rohöles nicht gefährdet erscheinen. Die alte Bergpolizei-Vorschrift hat nur noch formelle Geltung.

Seit Jahr und Tag ist die Ausarbeitung neuer, den modernen Verhältnissen entsprechender Bergpolizei-Vorschriften beendet. Die Publikation derselben konnte noch nicht erfolgen, weil seit gleichlanger Zeit ein Gesetzentwurf dem Parlamente vorliegt, welcher die Rechtsverhältnisse des Petroleum-Bergbaues (Schürf- und Abbaurechte) grundlegend abändert: Schaffung des Staatsmonopols für das Schürf- und Gewinnungsrecht und Ausübung dieser Rechte durch Aktiengesellschaften, in welchen der Staat sich maßgebenden Einfluß sichert.

Natürlich würden durch die Annahme solchen Gesetzentwurfs auch die Form der Ausübung der Bergpolizei-Funktionen stark tangiert werden und aus diesem Grunde sind die neuen Vorschriften bisher nicht veröffentlicht bzw. in Kraft gesetzt worden."

Am einfachsten gestalten sich die Verhältnisse in Rußland. Da dort der Staat alleiniger Eigentümer und gleichzeitig alleiniger Ausbeuter der Erdöllager ist, jeder Wettbewerb und jede schädliche Parzellierung des Ölgebietes also ausgeschaltet ist, so braucht bei der Ausbeutung auf andere Produzenten keine Rücksicht genommen zu werden. Die Ausbeutung kann vielmehr nach rein wirtschaftlichen Gesichtspunkten, wie sie sich auf Grund eingehender technischer und theoretischer Untersuchungen ergeben, vorgenommen werden. Da die Ab-

sperrungsvorschriften nur für den Betrieb innerhalb des Naphthatrustes
Bedeutung haben, ist, wie mir Herr Lindtrop in Grosny mitteilte,
eine Veröffentlichung dieser Vorschriften nicht erfolgt.

F. Anhang.

Anlage A 1.

(Übersetzung aus dem Polnischen.)

K. k. Revier-Bergamt   Drohobycz, den 21. Februar 1918.
Zl. 786/18.

An die

P. T. Schürfberechtigten und Erdölgrubenbetriebsleiter des Boryslaw-Tustano-
wicer-Beckens.

In den letzten Jahren verschoben sich die Erdölbohrungen im Borysław-
Tustanowicer Becken in südlicher Richtung und umfaßten den südlichen Teil
von Tustanowice und Boryslaw sowie den nördlichen Teil von Mraznica.

Diese neuen Bohrungen haben andere, von den bei den Bohrungen im nördlichen Teil des Beckens angetroffenen vollkommen verschiedene, Bedingungen
der Absperrung der oberen Gewässer in den Bohrlöchern aufgewiesen.

Im besonderen zeigte es sich, daß man hier außer dem Grundwasser, welches
einzig und allein in den im nördlichen Teil gelegenen Bohrlöchern vorkam, mit
Wässern aus den Schichten des überschobenen Karpathenrandes zu tun hat,
deren Absperrung infolge starken Zuflusses, wie auch der bedeutenden Tiefen,
in welchen es auftritt, auf ernste Schwierigkeiten stößt und die Anwendung von
anderen Mitteln und Materialien erforderlich macht.

Durch die Ungleichmäßigkeit im Absperren dieser Wässer, ebenso hinsichtlich
des dazu verwendeten Materiales, der Teufen und der Gebirgsschichten, wie auch
der Art der Durchführung der Wasserabsperrung sah sich das hiesige Amt ver-
anlaßt, in dieser Angelegenheit eine Konferenz einzuberufen, um die Meinung
sachverständiger Techniker oder Geologen sowie der interessierten Unterneh-
mungen anzuhören. Diese Sachverständigen-Versammlung, beziehungsweise das
von ihr gewählte Komitee behandelte in den am 21. und 26. November, 13. Dezember 1917, und 29. Januar 1918 abgehaltenen Sitzungen, im Laufe der Besprechung
der Absperrung des oberen Wassers, auch die Frage der Absperrung des salzhal-
tigen Tiefenwassers und nahm nach eingehender Diskussion hinsichtlich der Wasserabsperrung in den Bohrlöchern des Boryslaw-Tustanowicer Beckens gewisse
Normen an, welche in der Zukunft das Bergamt auf Grund der Bestimmungen §§ 71, 72 und 74 des Landes-Petroleumgesetzes vom
22. März 1906, Nr. 61, Landesgesetz- und Verordnungsblatt, sowie der
Bestimmungen der §§ 93 und 94 der bergpolizeilichen Vorschriften
vom 10. Oktober 1913, Landesgesetz- und Verordnungsblatt Nr. 95
beobachten wird.

Zwecks einheitlicher Regelung der Angelegenheit der Wasserabsperrung sowie um allerlei Zweifel in dieser Hinsicht vorzubeugen, bringe ich diese Normen
nachstehend zur Kenntnis der P. T. Schürfberechtigten und Betriebsleiter der
Erdölgruben des Boryslaw-Tustanowicer Beckens und fordere sie auf, dieselben
im eigenen Interesse sowie im Interesse der Naphtaindustrie einzuhalten.

Die durch die vom k. k. Revierbergamt in Drohobycz einberufene
Sachverständigenkonferenz festgesetzten Normen der Wasserabsperrung in den Bohrlöchern des Boryslaw-Tustanowicer Beckens.

I. Über die Pflicht der Wasserabsperrung in den Bohrlöchern, sowie über die Schichten, in welchen diese Absperrung vorgenommen werden soll.

§ 1.

In jedem Bohrloche sind alle angefahrenen Gewässer genau abzusperren und zwar:

a) das Grundwasser,

b) das von den Schichten des überschobenen Karpathenrandes stammende Wasser,

c) das Salz-Tiefwasser.

Die Absperrung des Grundwassers soll im Sinne der Bestimmungen § 93, Abs. 2 der bergpolizeilichen Vorschriften sofort nach Durchfahren der Mergelschichten und nach Anbohren der zu der Wasserabsperrung geeigneten Gebirgsschicht durchgeführt werden.

Die Absperrung des aus den Schichten des überschobenen Karpathenrandes stammenden Wassers hat nach Durchfahren der überschobenen Schichten und nach Anbohren in den Dobrotower Schichten der zu der Wasserabsperrung geeigneten Formation zu erfolgen.

Die Durchführung der Absperrung dieses Wassers in der Tiefe von mehr als 100 Meter unterhalb des Komplexes der überschobenen Schichten ist von der Erlangung der diesbezüglichen Bewilligung des k. k. Kreisbergamtes in Drohobycz abhängig.

Die Tiefe sowie die Gebirgsschicht, in welcher die Absperrung des Salztiefenwassers vorgenommen werden soll, sind in jedem einzelnen Fall durch das Revierbergamt nach Anhören der Meinung der Sachverständigen sowie der interessierten Parteien zu bestimmen.

§ 2.

Die Rohre, mit welchen eines von diesen Gewässern abgesperrt wurde, dürfen im Sinne der Bestimmung des § 93, Punkt 1 der bergpolizeilichen Vorschriften ohne Einwilligung des Bergamtes nicht herausgezogen werden.

§ 3.

Es ist nicht notwendig, in den überschobenen Schichten des Karpathenrandes das Wasser mit einer separaten Röhrentour abzusperren, wie das bis jetzt üblich war, da, nach gemachten Erfahrungen, in diesen Schichten in der gegebenen Gegend ölführende Schichten nicht vorkommen.

II. Über die zur Wasserabsperrung zu gebrauchenden Röhren.

§ 4.

Zu jeder Wasserabsperrung sollen Rohre verwendet werden, deren Widerstandsfähigkeit dem hydrostatischen Drucke der abgesperrten Wassersäule entspricht.

§ 5.

Für die gebrauchten hermetischen Eisen- sowie die dünnwandigen Stahlrohre werden folgende Grenzen der Widerstandsfähigkeit auf Außendruck angenommen (Tabelle Nr. 1)[1].

---

[1] Auf die Wiedergabe der Tabelle wurde verzichtet, da sie inzwischen durch die Herstellung besseren Rohrmaterials überholt worden ist. Vgl. auch W. Schulte, Zschr. d. Internat. Vereins der Bohringenieure u. Bohrtechniker Nr. 24 vom 15. 12. 1923.

Die Benutzung dieser Rohre zur Absperrung der die oben bezeichneten Grenzen übersteigenden Wassersäule ist daher unzulässig.

Im Falle eines Zweifels hinsichtlich der Höhe der abzusperrenden Wassersäule ist der Wasserspiegel in den einzelnen Bohrlöchern amtlich zu untersuchen und festzustellen.

§ 6.

Was die Rohre von anderer Wandstärke, sowie die Rohre anderer Herkunft anbelangt, hat das Revierbergamt in jedem einzelnen Falle deren höchste zulässige Belastung auf Außendruck auf Grund des durch die betreffende Fabrik vorgelegten Widerstandsfähigkeitszertifikates zu bestimmen. Falls jedoch ein solches Zertifikat nicht vorgelegt werden würde, hat die Bestimmung der zulässigen Belastung der Rohre auf Grund des theoretischen und praktischen dem Kreisbergamt zur Verfügung stehenden Materiales zu erfolgen, wobei die Grundsätze, welche für das Komitee für die Angelegenheit der Wasserabsperrung bei der Bestimmung dieser Widerstandsfähigkeit maßgebend waren, berücksichtigt werden sollen.

III. Über die Art und Weise der Wasserabsperrung.

§ 7.

Die Absperrung des Grundwassers hat durch Vorbohren des Bohrloches mit einem gewöhnlichen Meißel und Hineinpressen der das Wasser abzusperrenden Rohre zu erfolgen.

Die Absperrung des von den Schichten des überschobenen Karpathenrandes stammenden Wassers, welche in den Dobrotower Schichten vorgenommen werden soll, hat durch Vorbohren des Bohrloches mit einem gewöhnlichen Meißel, Abdichten mit Letten des Raumes zwischen den Rohr- und den Bohrlochwänden vom unteren Ende der das Wasser absperrenden Rohre bis hinauf über den Komplex der Überschiebungsschichten, sowie Hineinpressen der Rohre zu erfolgen.

Die Abdichtung mit Letten ist in der Weise durchzuführen, daß ein Drittel der Bohrlochteufe von dem Komplex der überschobenen Schichten bis zur Bohrlochsohle mit plastischem Ton ausgefüllt wird, worauf in diesen Ton Rohre, deren Ende zu diesem Zweck mit einem Holzpropfen verschlossen ist, hineingepreßt werden.

Bei der Durchführung dieser Abdichtung ist darauf zu achten, daß beim Anheben der Rohre sich kein Nachfall in größeren Mengen bildet und sich mit Ton vermischt. Aus diesem Grunde sollen die Rohre sukzessive je einige Meter im Maße wie sich das Bohrloch mit Ton anfüllt, hinaufgezogen werden.

§ 8.

Dem Bergamt bleibt es vorbehalten, weitere notwendige Verfügungen bezüglich der Art und Weise der Durchführung der Wasserabsperrung in jedem einzelnen Falle zu treffen, falls die Absperrung des Grundwassers oder des aus den Schichten des überschobenen Karpathenrandes stammenden Wassers auf besondere Schwierigkeiten stoßen sollte.

§ 9.

Die Art und Weise der Absperrung des Tiefenwassers ist in jedem einzelnen Falle durch das Bergamt nach Anhören der Meinung der Sachverständigen sowie der Wünsche der interessierten Parteien vorzuschreiben.

VI. Über die Untersuchungen der geologischen Verhältnisse.

§ 10.

Die Proben der durchbohrten Schichten sind durch den Grubenbetriebsleiter sorgfältig zu sammeln und genau zu untersuchen, und die Ergebnisse dieser Untersuchungen sind in den Bohrjournalen zu vermerken. Dem Grubenbetriebsleiter obliegt es, genau festzustellen, in welcher Tiefe und aus welcher Gebirgsschicht das Wasser im Bohrloche aufgetreten ist, sowie bis zu welcher Höhe der Wasserspiegel reicht, und alle diese Einzelheiten in das Bohrjournal einzutragen. Das ständige Halten des Bohrloches unter Wasser zwecks Verhütung des Festpackens der Röhre durch das Terrain, wodurch die Untersuchung der geologischen Verhältnisse und des Wasserzuflusses erschwert wird, sollte sich auf das notwendigste Maß beschränken.

§ 11.

Nachdem die bisherige Kontrolle Ungenauigkeiten und Fehler in der Überprüfung der Bohrproben und Beurteilung des geologischen Materials aufgewiesen hat, sind alle Bohrlöcher unter die geologische Kontrolle der zu reaktivierenden Geologischen Station in Boryslaw zu stellen. Bis zur Reaktivierung dieser Station ist diese geologische Aufsicht durch die in Boryslaw ständig wohnenden, dem Bergamt angemeldeten und durch dieses Bergamt zur Kenntnis genommenen Geologen auszuüben. Ihre Aufgabe wäre das Überprüfen der Proben der durchstoßenen Gebirgsschichten, der Bohrjournale und überhaupt des gesamten geologischen Materials auf der betreffenden Grube, sowie auch die Kontrolle und Richtigstellung der diesbezüglichen Notizen in den Bohrjournalen.

Vor dem Aufstellen der Rohre zwecks Wasserabsperrung hat der sachverständige Geologe zu überprüfen, ob die wasserführenden Schichten tatsächlich durchgebohrt wurden und ob die Gebirgsschicht, in welcher die Wasserabsperrung vorgenommen werden soll, sich zu diesem Zwecke eignet. Diese Umstände sind von ihm in einem schriftlichen Zertifikat festzustellen, welches dem Kreisbergamt gleichzeitig mit der Meldung über die durchgeführte Wasserabsperrung vorzulegen ist.

V. Über die Vornahme der Wasserabsperrungsprobe
durch das Bergamt.

§ 12.

Von der erfolgten Absperrung jedes Wassers ist im Sinne der Bestimmungen der bergpolizeilichen Vorschriften sowie der Bestimmungen des Betriebsplanes sofort das Kreisbergamt zu verständigen, welches die vorgeschriebene Probe vornehmen wird.

§ 13.

Für diese Probe ist das Bohrloch auf ungefähr 20 Meter unterhalb des Rohrschuhes der das Wasser absperrenden Rohre vorzubohren und dieser vorgebohrte Teil des Bohrloches darf nicht verrohrt werden.

Für diese Probe ist die Flüssigkeit im Bohrloche mindestens bis zur Sohle der zuletzt durchbohrten wasserführenden Schichten abzuschöpfen.

§ 14.

Der den Grubenbetriebsleitern und Schürfberechtigten mit der Bestimmung des § 93 der bergpolizeilichen Vorschriften auferlegten Pflicht, das Bergamt von jedem neuen im Bohrloche nach der Durchführung der im Betriebsplan vorgesehenen Wasserabsperrung vorkommenden Wasserzufluß zu verständigen, ist gewissentlichst nachzukommen. Mit Rücksicht auf die zahlreichen Fälle der Verheimlichung der Verwässerungserscheinungen in den Bohrlöchern, hat künftighin bei jedem Wechsel der Rohrtour eine Überprüfung stattzufinden, ob in dem betreffenden Bohrloch kein Wasserzufluß zu beobachten ist und zu diesem Zwecke hat der Grubenbetriebsleiter wennmöglich vor dem Aufstellen jeder Rohrtour von der beabsichtigten Änderung der Rohrdimensionen das Revierbergamt behufs Vornahme dieser Kontrolle zu verständigen.

Das Verrohren des Bohrloches mit einer neuen Dimension unterhalb des Rohrschuhs der letzten Rohrtour ist vor der Durchführung dieser Kontrolle unzulässig.

Für diese Kontrolle ist das Bohrloch bis zur Bohrlochssohle auszuschöpfen, soweit dies durch besondere Umstände und speziell durch den Wasserzufluß nicht verhindert wird.

Zwecks Durchführung der oben bezeichneten Normen fordere ich die P. T. Schürfberechtigten sowie die P. T. Betriebsleiter der Gruben in Boryslaw, Tustanowice, Mraznica, Popiele und Opaka, auf Grund der §§ 71, 72 und 74 des Landes-Naphtagesetzes vom 22. März 1908, Landesgesetz- und Verordnungsblatt Nr. 61 sowie auf Grund der Bestimmungen der §§ 93 und 94 der bergpolizeilichen Vorschriften vom 10. Oktober 1913, Landesgesetz- und Verordnungsblatt Nr. 95 auf, dem hiesigen Bergamt bezüglich der ihr Eigentum bildenden, beziehungsweise unter ihrer Leitung stehenden Gruben, innerhalb 14 Tage folgende Umstände bekanntzugeben:

1. Ob und welchen von den in Boryslaw ständig wohnenden sachverständigen Geologen die geologische Aufsicht über die Bohrlöcher dieser Gruben bis zum Zeitpunkte der Reaktivierung der geologischen Station anvertraut wurde. Im Falle der Nichtbetrauung durch die P. T. eines sachverständigen Geologen mit der geologischen Aufsicht über die Gruben der P. T. würde das hiesige Bergamt gezwungen sein, dies von Amtswegen auf Kosten der P. T. zu tun.

2. In welchen von den auf diesen Gruben befindlichen Bohrlöchern das obere Wasser bis jetzt definitiv nicht abgesperrt wurde, sowie wie groß die Tiefe dieser Bohrlöcher ist und mit welchen Rohren dieselben verrohrt sind.

3. In welchen von diesen Bohrlöchern ist nach Absperrung des oberen Wassers und in welcher Tiefe das Tiefen-Salzwasser aufgetreten und ob, in welcher Tiefe und mit welchen Röhren dieses Wasser abgesperrt wurde.

4. In welchen von diesen Bohrlöchern im Laufe der nächsten vier Wochen voraussichtlich ein Wechsel der Rohrtour stattfinden wird.

Auf Grund der auf diese Art erhaltenen Daten wird das Bergamt unter Mithilfe der betreffenden sachverständigen Geologen eine Untersuchung einleiten, ob in jedem einzelnen Falle nicht die Notwendigkeit besteht, bezüglich der Vervollkommnung der Wasserabsperrung besondere Verfügungen zu treffen.

In Hinkunft ist das hiesige Bergamt von jedem beabsichtigten Wechsel der Rohrtour vor dem Aufstellen der letzten Rohrtour und im Falle eines unerhofften Festpackens der Rohre durch das Terrain unverzüglich vor dem Einbauen der nächstfolgenden Rohrtour, zwecks Vornahme einer Kontrolle, ob in dem betreffenden Bohrloch kein Wasserzufluß zu beobachten ist, in Kenntnis zu setzen.

Schließlich teile ich den P. T. mit, daß die oben angeführten Normen der Überprüfung der Wasserabsperrung vom Tage der Zustellung dieser Verordnung an einzuhalten sind.

Der k. k. Revierbergbeamte.

k. k. Bergrat

gez. Mokry mp.

Anlage A 2.

(Übersetzung aus dem Polnischen.)

Auszug aus den bergpolizeilichen Vorschriften für die Erdölgruben in Galizien vom 10. Oktober 1913. Zl. 5232, Landesgesetz- und Verordnungsblatt Nr. 95.

VII. Wasserabsperrung.

a) Auf erschlossenen Terrains.

§ 93.

In jedem Bohrloch ist das Untergrundwasser derart dicht vermittels Rohren abzusperren, daß es weder zu den ölführenden Schichten noch zu den Erdwachslagern gelangen kann. Ohne Erlaubnis der Bergbehörde dürfen diese Rohre vom Bohrloche nicht entfernt werden.

Das Grundwasser ist sofort nach Anbohren der zu der Wasserabsperrung geeigneten Formation, nach jeweiligem Durchfahren der Mergelschichten genau abzusperren.

Die Art und Weise der Wasserabsperrung, sowie die Teufen, in welchen diese Absperrung durchgeführt werden soll, sind in dem Bohrplan ersichtlich zu machen. Die Teufen sind unter Berücksichtigung der lokalen, von den benachbarten Gruben her bekannten geologischen Verhältnisse, der Gesteinsschichtung und der Erdoberflächentektonik zu bestimmen.

Über die durchgeführte Wasserabsperrung, sowie über jeden in dem Bohrplan nicht vorgesehenen, nach der im Bohrloch erfolgten Wasserabsperrung eintretenden Wasserzufluß ist sofort dem Revierbergamt behufs Vornahme einer eventuellen Kontrolle und Erlassung der zur Verhütung der Verwässerung des Terrains notwendigen Verfügungen, eine Meldung zu erstatten.

In den im § 113 erwähnten Bohrjournalen sind die Gesteinsschichten sowie die Teufen, in welchen das Untergrundwasser vorkommt, genau anzuführen.

Wenn bei den sogenannten Trockenbohrungen, in das Bohrloch, nach durchgeführter Wasserabsperrung, Wasser unter Druck hineingeführt werden soll, ist hiervon das Revierbergamt spätestens 3 Tage vorher schriftlich und in dringenden Fällen gleichzeitig mit dem Beginn dieser Arbeit telegraphisch oder telephonisch zu verständigen. Die in der Nachbarschaft Schurfberechtigten haben das Recht die Mengen des ins Bohrloch hineingepumpten Wassers zu kontrollieren; ebenso dürfen diese Schurfberechtigten nach der im Bohrloch durchgeführten Wasserabsperrung, wenn mit Spülbohrsystem gearbeitet wird, den eventuellen Wasserverlust kontrollieren. Um die diesbezügliche Kontrolle zu ermöglichen, sind gleichzeitig mit der Wasserabsperrung die zu dieser Kontrolle notwendigen Verrichtungen zu installieren.

Im Falle, wenn Verwässerungserscheinungen im Bohrloche vorkommen, hat das Revierbergamt auf Ansuchen des interessierten Schurfberechtigten oder, wenn es auf andere Weise hiervon Kenntnis erlangt, sofort die Lokaluntersuchung eventuell unter Heranziehung von Sachverständigen durchzuführen und auf Grund des Ergebnisses dieser Untersuchung das Notwendige zu verfügen.

b) Auf nichterschlossenen Terrains.

§ 94.

Auf einem noch nicht erschlossenen Naphtaterrain, d. i. auf einem Terrain, wo das Vorkommen, Lagerungsfolge und Eigenschaften der öl- und wasserführenden Schichten sowie der Erdwachslager noch nicht hinreichend festgestellt werden, sind hinsichtlich Wasserabsperrung die Bestimmungen des § 93 mit folgenden Abänderungen anzuwenden:

In allen Bohrlöchern ist jedes unter den Mergelschichten hervortretende Wasser sofort nach Durchfahren der wasserführenden Schichten und nach Anbohren
der zur Wasserabsperrung geeigneten Formation hermetisch vermittels Rohren
derart abzusperren, daß dieses Wasser weder zu den ölführenden Schichten noch
zu dem Erdwachslager gelangen kann; diese Röhren dürfen weder gelüftet noch
ausgeschnitten oder aus dem Bohrloch gezogen werden. Wenn zwischen zwei
oder mehr wasserführenden Schichten weder auf Öl- oder Erdwachslagern noch
auf Gase gestoßen wurde, dürfen mit Einwilligung des Revierbergamtes die wasserabsperrenden Rohre gezogen werden, damit mit denselben andere Wasserhorizonte abgesperrt werden können.

Für jedes Bohrloch ist außer dem im § 113 vorgeschriebenen Bohrprofil ein
zweites Profil anzulegen und in 2 Exemplaren laufend zu führen, welches alle
maßgebenden, wichtigeren, zur Beurteilung des Vorkommens der wasserführenden
Schichten sowie der Wasserabsperrung notwendigen Daten enthalten soll.

Die in der Nachbarumgebung Schurfberechtigten haben das Recht der Ein-
sichtnahme in diese Profile.

Innerhalb 4 Wochen nach Beendigung der Bohrarbeiten, oder auf Aufforde-
rung des Revierbergamtes auch früher, ist demselben 1 Exemplar des Profiles
vorzulegen. Nähere Bestimmungen betreffs Art und Weise der Führung dieser
Profile werden vom Revierbergamt herausgegeben werden.

Anlage A 3.

Betrifft: Liquidierung aufgelassener Bohrlöcher.
(Übersetzung aus dem Polnischen).
Revierbergamt Drohobycz.

An . . . .

In Erledigung Ihrer Eingabe vom . . . . . . und auf Grund der örtlichen Er-
hebung, die am . . . . durch einen hier amtlichen Delegierten vorgenommen
wurde, gestatte ich die Entfernung der wasserabsperrenden Bohrrohre aus dem
Bohrloche N. N. in Tustanowice, bei Einhaltung folgender Bedingungen:

1. Zwecks Sicherung des Terrains vor dem Verbreiten der in diesem Bohrloche
auftretenden Salzsole hat dasselbe, bevor das Ziehen der Rohre begonnen wird,
mit einer Tonlösung (Emulsion) von 1,3 spez. Gewicht gefüllt zu werden, wobei
die Nachfüllung der Tonlösung solange unterhalten zu werden hat, bis sich deren
Niveau stabilisiert haben wird. Hierauf soll die Bohrlochsohle mit plastischem
Ton bis zum Rohrschuh versetzt werden, und zwar in der Weise, daß derselbe
gründlich im Bohrloche mit einem Schläger (Schwerstange) gestampft wird. Es
ist hierbei peinlich zu achten, daß der Ton keinen Sand oder andere dergleichen
feste Beimengungen enthalte.

2. Nach Vollendung dieser Arbeiten darf mit dem Ziehen der Rohre begonnen
werden. Dieselben dürfen in Zügen von ungefähr 10—11 m Länge gezogen werden.
Nach Entfernung eines jeden Rohrzuges hat das Bohrloch mit plastischem Ton
wie oben vorgeschrieben versetzt zu werden. In Abständen von je 20 m hat in
den Ton ein Pflock von trockenem weichen Holze eingerammt zu werden, dessen
Durchmesser möglichst demjenigen des Bohrloches gleichkommt.

3. Die Entfernung der Rohre aus dem Bohrloche soll ohne Unterbrechung
fortgeführt werden, wobei zu achten ist, daß das Niveau der Tonlösung konstant
bleibe.

4. Sollten gewisse Rohrpartien im Bohrloche belassen werden müssen, haben
sie mit plastischem Ton versetzt und oben mit einem Holzpflock wie oben beschrieben, geschlossen zu werden.

5. Das Versetzen des Bohrloches muß in eigener Regie des Besitzers des Bohrloches und unter Leitung eines qualifizierten Grubenbetriebsleiters erfolgen.

6. Der Beginn dieser Arbeiten hat dem Revierbergamte und der geologischen Station in Boryslaw bekanntgegeben zu werden.

7. Den Grundeigentümern des Bohrloches sowie den Besitzern der Nachbargruben steht das Recht zu, den Verlauf der Versetzungsarbeiten des aufgelassenen Bohrloches zu verfolgen und zu überwachen. Sie haben deshalb von dem Beginn dieser Arbeiten 8 Tage vorher mittels eingeschriebener Briefe verständigt zu werden. (Diese Personen werden im Erlasse namentlich mit Adressen angeführt).

8. Die Beendigung dieser Arbeiten hat dem Revierbergamte angezeigt zu werden.

9. Die Anzeige hat einen genauen Rapport über die Art und Weise des Vollzuges der Arbeiten zu enthalten, namentlich hat die Quantität der zum Versetzen des Bohrloches verbrauchten Tones sowie die Dimensionen und Längen des aus dem Bohrloche rückgewonnenen resp. in demselben belassenen Bohrrohre angeführt zu werden. Überdies haben dem Revierbergamte alle an dieser Arbeit teilnehmenden Betriebsleiter, Betriebsaufseher, Bohrmeister und Bohrgehilfen mit Vor- und Zunamen, Adressen und Heimatzuständigkeit mitgeteilt zu werden.

Anlage B.

Die Wassersperrungen in den rumänischen Ölfeldern.

(Aus „Petroleum-Zeitschrift" Bd. 22, Nr. 25, S. 939—940. 1926).

Wir geben hier die in einigen wichtigen Ölfeldern geltenden Bestimmungen kurz wieder, soweit sie vom Berginspektor Ing. N. Scriban im „Moniteur du pétrole roumaine" veröffentlicht worden sind.

1. Ing. N. Scriban, Mon. d. pétr., 15. Oktober 1925. *2.* Ing. N. Scriban, Mon. d. pétr., 15. November 1925. *3.* Ing. N. Scriban, Mon. d. pétr., 15. Dezember 1925. *4.* Ing. N. Scriban, Mon. d. pétr. 1. September 1925. *5.* Ing. N. Scriban, Mon. d. pétr. 1. Jänner 1926. *6.* Ing. N. Scriban, Mon. d. pétr. 1. Oktober 1925. *7.* Ing. N. Scriban, Mon. d. pétr., 1. Oktober 1923. *8.* Ing. N. Scriban, Mon. d. pétr. 1. Februar 1926.

1. Runcu (Jud. Prahova): Produktion aus dem Mäot.

1. Sperrung (pontische und obermäotische Wässer): 120 m unter P/M (Pont-Mäot-Grenze). (Als Pont-Mäot-Grenze wird der zweite Congeriensandstein angenommen. Die stratigraphische Grenze liegt ca. 40 m höher, ist aber schwer konstatierbar und den mäotischen Schichten nicht konkordant. Die Abstände verstehen sich als Normalabstände [wahre Mächtigkeit].) Sonden, welche südlich der Sonden 209 Romano-Americana, 301 R. A., 291 Steaua Romana, 12 Cometa, 307 St. R. liegen, werden als Explorationssonden betrachtet. Die erste offizielle Sperrung ist hier 80 m unter der Grenze zu machen.

2. Sperrung (Salzwässer 186 m unter P/M) bei 190 bis 200 m.

Die Sonden können bis 130—140 m im Mäot hydraulisch gebohrt werden, in besonderen Fällen mit Erlaubnis der Kommission für Spülbohrung bis 200 m ins Mäot.

2. Chiciura (Jud. Prahova): Produktion aus dem Mäot.

1. Sperrung (pontische und obermäotische Wässer) 170 m unter P/M (zweiter Sandstein).

2. Sperrung (Salzwasser 195 m unter P/M) bei 196—199 m, über der Ölschicht 200 m unter P/M.

Sonden, welche tiefer gehen wollen, haben eine dritte Sperrung ungefähr 215 m im Mäot zu machen, unter der Wasserschicht, die 10 m unter der ersten

Ölschicht folgt. Nach geglückter Sperrung können die tieferen Ölschichten mit einer perforierten Kolonne ausgebeutet werden.

Hydraulisch darf bis zur zweiten Sperrung, d. i. zirka 200 m, ins Mäot gebohrt werden.

2. Tzontzesti (Jud. Prahova): Produktion aus dem Mäot.

1. Sperrung (pontische oder obermäotische Wässer) 130 m unter P/M (zweiter Sandstein).

2. Sperrung (unter der Salzwasserschicht) 196 bis 200 m unter P/M.

Für Sonden, welche tiefer gehen wollen, um Schichten unter 222 m unter P/M auszubeuten:

3. Sperrung 210 m unter P/M.

Hydraulisch kann bis 130 m P/M gebohrt werden; in gewissen Fällen kann die Kommission für Spülbohrung Erlaubnis zu weiterer Anwendung hydraulischer Verfahren erteilen.

2. Gropi (Jud. Prahova): Produktion aus dem Mäot.

1. Sperrung 170 m unter P/M (Zweiter Sandstein).

2. Sperrung (Salzwasser von 210 m) bei 210—215 m, d. i. unter der Salzwasserschicht, und unmittelbar über der Ölschicht von 220 m. Dies ist die zweite Ölschicht, die erste bei 210 m ist in dieser Gegend verwässert.

3. Sperrung (um die 1. und 2. Ölschicht zu schützen) 230—235 m unter P/M. Hydraulisch mit Bewilligung der Kommission bis 220 m.

3. Baicoi (Jud. Prahova):

Nördlich vom Salzmassiv.

A) Nördlich der Antiklinalachse, die durch die Linie der Sonden 235 Romano-Americana, 221 R. A., 26 Steaua Romana, 16 Astra Romana, 11 Romano-Belgiana, 6 R. A., 15 St. R. bezeichnet wird.

1. Sperrung in den blauen Helixmergeln des Unterlevantin oder in den Mergeln des obersten Daz, nicht tiefer als 30 m unter der Grenze.

2. Sperrung zirka 10—15 m über der Ölschicht.

Die Tiefe dieser Sperrung richtet sich nach der Lage der Sonde: Westlich der Störung bei den Sonden 18 R. B., 8 und 10 Colombia, 44 R. A. wird bei 140 m im Daz gesperrt, östlich dieser Störung bei zirka 170 m. Östlich der Linie der Sonden 28, 50, 55 R. A. und 1 Malekove wird bei zirka 140 m im Daz gesperrt.

B. südlich der oben erwähnten Achse bis zur Linie der Sonden 8 Jean Ganz, 2 Ro.-A., 5 Concordia wird das Gebiet eingeteilt in:

a) Gebiet westlich der Störung in der Linie der Sonden: Östlich 224 R.-A., nördlich 227 R.-A., nördlich 222 R.-A.

Sperrung zirka 60 m im Daz.

Eine zweite Sperrung ist nicht nötig, weil das tiefere Daz kein Wasser führt. Die Situation jeder Sonde wird besonders studiert, um über die Notwendigkeit einer eventuellen Sperrung zu entscheiden.

b) Gebiet östlich der Störung.

1. Sperrung in den blauen Mergeln an der Basis des Levantin oder im obersten Daz, nicht tiefer als 30 m unter der Grenze.

2. Sperrung zirka 10—15 m über der Ölschicht. II. Region südlich des Salzmassivs bis zur Linie der Sonden 7 A.-R., 8 A.-R., 4 Unirea, 1 Drader.

1. Sperrung an der Basis des Levantin in den levantindazischen Grenzmergeln.

2. Sperrung 10 m über der Ölschicht.

Wo das Daz ausbeißt, wird nur die 2. Sperrung durchgeführt.

Im Gebiet Hagica, ebenfalls südlich vom Salzmassiv, folgen auf Levantin (zirka 300 m) zirka 30 m unproduktives Daz (überkippt), dann wieder Levantin.

Hier wird die erste Sperrung an der Basis des tieferen, normalgelagerten Levantin durchgeführt.

Sonden, welche auf das Mäot gehen, haben außer den oben genannten Sperrungen im Daz noch eine Sperrung an der Basis des Pont auszuführen.

Hydraulisch darf bis zur dazischen Ölschicht gebohrt werden, mit besonderer Erlaubnis der Spülbohrungskommission auch durch diese hindurch.

4. Filipesti (Jud. Prahova):

1. Sperrung an der Basis des Pont vor dem Eintritt ins Mäot.

2. Sperrung unter dem ölführenden Schichtkomplex des Obermäot, d. i. im Maximum 80 m unter P/M.

Bei fortgesetzter Exploration 3. Sperrung unter den eruptiven Salzwassern, die sich 110—150 m unter P/M vorfinden.

Da das Pont bei Filipesti wasserfrei ist, kann die Sperrung auch höher im Pont durchgeführt werden, doch wird die offizielle Probe an der Basis des Pont vorgenommen.

5. Ceptura (Jud. Prahova): Produktion aus dem Mäot.

1. Sperrung im Unterpont, unter der eruptiven Süßwasserschicht 200 m über P/M (stratigraphische Grenze).

2. Sperrung zirka 230 m unter P/M.

5. Udresti (Jud. Prahova): Produktion aus dem Mäot.

1. Sperrung im Unterpont.

2. Sperrung ungefähr 150 m im Mäot, d. i. 10 bis 15 m über der ersten Ölschicht.

5. Pacuretzi (Jud. Prahova): Produktion aus dem Mäot und Pont (?).

1. Sperrung im Pont (?) über den pontischen (?) Ölsanden?

2. Sperrung an der Basis des Pont (im Interesse der Ausbeutung des Mäot)

6. Gura Ocnitzei (Jud. Dâmbovitza).

A. Nördlich des Salzmassivs, wo die Perimeter Lazarescu, Van Saanen und Sondrum liegen und aus dem Mäot produziert wird:

1. Sperrung an der Basis des Pont, 10—15 m über der Gasschicht.

Sonden, welche auf die 3. Ölschicht gehen, haben eine 2. Sperrung unter der 2. Ölschicht durchzuführen.

1. und 2. Ölschicht können mit einer einzigen perforierten Kolonne ausgebeutet werden.

B. Nördlich des Salzmassivs, wo die Perimeter Ceziano, Internationala, Sindicat I und Sindicat II liegen und aus dem Daz produziert wird.

1. Sperrung (levantine Wässer) 20 m unter der Daz/Levantingrenze.

2. Sperrung ungefähr 30 m über der Moreni-Ölschicht in einem schwarzen Ton mit Kohle.

(3. Sperrung zur Isolation der Morenischicht von der Draderschicht in den zwischen diesen Schichten liegenden Tonen. Diese Sperrung ist nicht offiziell, da die Moronischicht in Gura-Ocnitzei nicht verwässert ist. Sie wird nur als Vorsichtsmaßregel für den Fall, daß die Wasser in die Morenischicht eindringen, durchgeführt).

Für Sonden, die auf der Südseite auf das Mäot gehen wollen, (bis jetzt schöpft hier noch keine Sonde aus dem Mäot):

1. Sperrung beim Eintritt ins Pont, da man nicht weiß, ob dieses nicht wasserführende Sande enthält.

2. Sperrung an der Basis des Pont über der Gasschicht, um analog den Vorschriften in Moreni vorzugehen.

Hydraulisch kann bis über die erste Morenischicht gebohrt werden. In besonderen Fällen kann die Spülbohrungskommission gestatten, daß bis in die Ölschicht und sogar durch diese hydraulisch gebohrt werden, (6 Mon. du pétr. 1923).

7. Ochiuri (Jud. Dâmbovitza): Produktion aus dem Daz.

1. Sperrung (levantine und oberdazische Wässer) in den Mergeln über der Morenischicht.

2. Sperrung unmittelbar unter der (hier wasserführenden) Morenischicht.

3. Sperrung (Wässer der intermediären Schicht) erfordert große Aufmerksamkeit, da knapp unter diesen Wässern die Draderölschicht folgt.

Infolge der zunehmenden Erschöpfung der dazischen Lagerstätten und des Vorrückens der Wässer aus den Synklinen, ist man in den letzten Jahren zur Exploitation des Mäot übergegangen, das außerordentliche reiche Erträge liefert (eine ganze Anzahl von Sonden wurde mit 100 Wagen per Tag fündig). Man sperrt an der Basis des Pont, da die Produktion aus dem obersten Mäot erfolgt.

Gasfelder.

8. Aricesti (Jud. Prahova), in einer Ausdehnung von 58 qkm zum Gasfeld erklärt, Gasproduktion aus dem Daz.

1. Sperrung in den Helixmergeln an der Basis des Levantin, zirka 30 m über der Grenze Levantin-Daz.

Jeder bedeutende gasführende Schichtenkomplex muß isoliert werden.

Wenn bei einer Bohrung keine ausbeutbaren Gasschichten angetroffen werden, oder bei der Ausbeutung einer Gasschicht der Druck sinkt, können Gebiete zur Ausbeutung tieferer Ölschichten vom „Consiliul superior de mine" freigegeben werden.

8. Boldesti (Jud. Prahova): Gasproduktion aus dem Daz. Boldesti ist noch nicht zum Gasfeld erklärt worden, obwohl nur Gas ausgebeutet wird.

1. Sperrung in den Helixmergeln an der Grenze Levantin-Daz.

2. Sperrung im Daz über dem Gashorizont.

Anlage C.

Auszug aus dem kalifornischen Gesetz über Erdöl- und Gasbohrungen vom 10. Juni 1915.
(Übersetzung aus dem Englischen.)

Artikel 15.
Verrohrung.   Wasserabsperrung.

Jeder Eigentümer einer jetzt gebohrten oder in Zukunft in Kalifornien auf denjenigen Gebieten auszuführenden Bohrung, die Erdöl oder Gas produzieren oder von denen man vernünftiger Weise annehmen kann, daß sie Öl oder Gas enthalten, hat eine solche Bohrung oder solche Bohrungen in geeigneter Weise mit Metallrohren zu verrohren. Dabei hat er Verfahren anzuwenden, die von den staatlichen Aufsichtsbeamten genehmigt sind. Er hat jede Anstrengung und jedes Bemühen aufzuwenden gemäß der geeignetsten Verfahren in wirksamer Weise alle Wasser über und unter der öl- oder gasführenden Schicht abzusperren und in wirksamer Weise zu verhindern, daß irgendwelches Wasser in solche öl- oder gasführenden Schichten eindringt.

Falls der Aufsichtsbeamte der Ansicht ist, daß irgendwelches Wasser in öl- oder gasführende Schichten eindringt, kann er eine Prüfung der Wasserabsperrung anordnen und einen Termin dafür ansetzen. Diese Anordnung soll in schriftlicher Form an den Eigentümer der Bohrung mindestens 10 Tage vor dem zur Wasserprobe festgesetzten Termin gerichtet werden. Nach Empfang dieser Anordnung ist es Pflicht des Eigentümers der Bohrung, die besagte Prüfung der Wassersperrung in der vorgeschriebenen Weise und zur vorgeschriebenen Zeit abzuhalten.

Artikel 16.

Aufgeben einer Bohrung.

Es ist Pflicht des Eigentümers derjenigen Bohrungen, auf die sich das vorliegende Gesetz bezieht, ehe diese Bohrungen aufgegeben werden oder bevor der Bohrturm, Bohrkran oder andere Arbeitsmittel davon entfernt werden oder bevor irgendein Teil der Verrohrung gezogen wird, jedes Bemühen und jede Anstrengung anzuwenden, um mit denjenigen Verfahren, die vom staatlichen Aufsichtsbeamten genehmigt sind, alle Wasser abzusperren und von dem Eindringen in diejenigen ölführenden Schichten fernzuhalten, welche in dem Bohrloch angetroffen wurden.

Ehe ein Bohrloch aufgegeben wird, hat der Eigentümer dem Aufsichtsbeamten oder dessen örtlichen Stellvertreter von der Absicht schriftlich Kenntnis zu geben, daß er den Bohrturm oder einen Teil der Verrohrung von dem Bohrloche entfernen will. In gleicher Weise ist der Termin, an dem die Aufgabe der Bohrung oder die Entfernungsarbeiten beginnen sollen, schriftlich mitzuteilen. Diese Mitteilung ist dem Aufsichtsbeamten oder seinem örtlichen Stellvertreter mindestens fünf Tage vor der beabsichtigten Aufgabe oder den geplanten Entfernungsarbeiten zu machen.

Der Eigentümer hat den Aufsichtsbeamten oder dessen Stellvertreter über den Zustand der Bohrung und die geplanten Aufgabearbeiten zu unterrichten. Der Aufsichtsbeamte oder sein Vertreter soll vor dem festgesetzten Termin für die Aufgabearbeiten dem Eigentümer eine schriftliche Genehmigung seines Vorschlages übermitteln oder eine schriftliche Anordnung übergeben, aus der hervorgeht, welche Arbeiten hinsichtlich der Aufgabe des Bohrloches vor der Genehmigung nötig sind.

Sollte der Aufsichtsbeamte es unterlassen, dem Eigentümer eine schriftliche Anweisung innerhalb der erwähnten Zeit zu übermitteln, so soll dies Unterlassen als Genehmigung der Vorschläge des Eigentümers hinsichtlich der Bohrlochsaufgabe, der Entfernung des Bohrturmes und der Verrohrung gelten.

Artikel 19.

Prüfung der Wassersperrung.

Es ist Pflicht des Eigentümers oder Betriebsleiters jeder in diesem Gesetz erwähnten Bohrung dem örtlichen Aufsichtsbeamten den Zeitpunkt mitzuteilen, an dem der Eigentümer oder Betriebsleiter die Wasserabsperrung in einem solchen Bohrloche prüfen will. Diese Benachrichtigung hat mindestens 5 Tage vor der erwähnten Prüfung zu erfolgen. Der örtliche Aufsichtsbeamte oder ein von den Aufsichtsbeamten bezeichneter Inspektor hat bei dieser Prüfung zugegen zu sein und einen schriftlichen Bericht über das Ergebnis dem Aufsichtsbeamten zu erstatten. Eine doppelte Ausfertigung hiervon ist dem Eigentümer zu übergeben. Wenn die Prüfung dem Aufsichtsbeamten ungenügend erscheint, hat er dies dem Eigentümer oder Betriebsleiter in dem erwähnten Bericht mitzuteilen und innerhalb 5 Tagen nach Abschluß der Prüfung weitere Prüfungen der Arbeiten anzuordnen, die ihn zur sorgfältigen Wasserabsperrung in dem Bohrloche notwendig erscheinen. Gleichzeitig hat der Aufsichtsbeamte in dieser Anordnung einen Tag zu bestimmen, an dem der Eigentümer oder Betriebsleiter der Bohrung in dieser Bohrung wiederum die Wasserabsperrung zu prüfen hat. Dieser Tag kann auf Antrag des Eigentümers in Übereinstimmung mit dem örtlichen Aufsichtsbeamten von einem Termin auf einen anderen verlegt werden.

Artikel 21.
Strafe.

. . . . Jede Person, Firma oder Gesellschaft, die irgendeine Bestimmung dieses Gesetzes verletzt, ist eines Vergehens schuldig und kann mit einer Geldstrafe nicht unter 100 Dollar oder mit Gefängnis nicht unter 30 Tagen bestraft werden oder mit beidem.

Anlage D.

Auszug aus der Bergpolizei-Verordnung für die Betriebe zur Aufsuchung und Gewinnung von Erdöl im Bezirke des Oberbergamtes Clausthal vom 1. Dezember 1904.

§ 6.

Die Bohrlöcher müssen von der Grenze der Berechtsame, von öffentlichen Wegen, von Wohn- und sonstigen Gebäuden (Werkstätten, Schmieden usw.) und von anderen Bohrlöchern derselben Berechtsame wenigstens 15 Meter entfernt sein. Der Bergrevierbeamte ist befugt, diese Entfernungen bis auf die Hälfte zu ermäßigen, sofern dabei die Gefahr einer Verwässerung der benachbarten Bohrlöcher ausgeschlossen ist. Liegt die Gefahr einer Verwässerung benachbarter Bohrlöcher vor, so hat der Bergrevierbeamte die Befugnis, eine größere Entfernung als 15 m vorzuschreiben.

Von Waldungen müssen die Bohrlöcher wenigstens 30 m entfernt sein.

VI. Von der Wasserabschließung und der Entwässerung der Bohrlöcher.

§ 39.

Unterirdische Wasser müssen in jedem Bohrloch durch Röhren — Nietrohre sind ausgeschlossen — derart dicht abgeschlossen werden, daß dieselben in ölführende Schichten nicht gelangen können. Diese Röhren dürfen nicht entfernt werden, wenn nicht gleichzeitig das Bohrloch verfüllt wird (§ 40).

§ 40.

Aufzugebende Bohrlöcher müssen, sofern die Herausnahme der Wasserabschlußröhre beabsichtigt wird, gleichzeitig mit dieser Herausnahme mittels geeigneter Materialien wasserdicht verfüllt werden.

In diesem Fall ist dem Bergrevierbeamten unter Beifügung einer Abschrift des sorgfältig zu führenden Bohrregisters von der beabsichtigten Verfüllung Anzeige zu erstatten; die amtliche Verfüllungsvorschrift ist abzuwarten und alsdann auf das Genaueste zu befolgen.

Um dem Bergrevierbeamten eine Kontrolle über die richtigste Führung des Bohrregisters zu ermöglichen, sind die bei der Bohrung erhaltenen Proben der verschiedenen durchbohrten Schichten sachgemäß aufzubewahren und auf Verlangen vorzuzeigen.

§ 41.

Alle Bohrlöcher, welche zur Zeit des Inkrafttretens dieser Bergpolizei-Verordnung keinen Abschluß der in den Gebirgsschichten über der Erdöllagerstätte zusitzenden Wasser besitzen, müssen, soweit erforderlich erscheint, andauernd derartig entwässert werden, daß dieselben weder den eigenen Bohrunternehmen noch den benachbarten schädlich sind oder den Gewinnungsbetrieb derselben hindern.

Die Entscheidung darüber, ob die Entwässerung vorzunehmen ist, erfolgt in Gemäßheit der §§ 198—202 des Berggesetzes.

§ 42.

Wenn eine Bohrung mit Wasserspülung betrieben wird, so müssen geeignete Maßnahmen getroffen werden, daß Spülungsverluste alsbald erkannt werden.

Treten Spülverluste ein, so ist das Bohren mittels Spülverfahrens sofort einzustellen und darf erst wieder fortgesetzt werden, nachdem das Bohrloch durch Verrohrung gegen Spülverluste gesichert ist.

Dasselbe gilt, sobald erkennbar geworden ist, daß die Bohrung ölführende Schichten erreicht hat.

Der Bergrevierbeamte ist befugt, anzuordnen, daß einzelne Bohrlöcher ganz oder in bestimmten Teufen trocken, ohne Wasserspülung gebohrt werden.

Anlage E.

Bergpolizei-Verordnung für die Gewinnung von Erdöl in
Argentinien vom 18. Oktober 1912.

(Übersetzung aus dem Spanischen.)

Art. 1. Die Bohrberechtigten, ihre Stellvertreter und die die Bohrungen in den Ölgegenden Ausführenden, haben in jedem Augenblick den Berginspektionen den Eintritt in die Bohranlagen zu gestatten, da diese die von der Bergbehörde beauftragten Beamten sind, um die Erfüllung der gesetzlichen Bestimmungen zu überwachen.

Art. 2. In jeder Bohranlage müssen vorhanden sein:

a) Ein Bohrregister, in welchem täglich zu notieren ist:

1. Die Teufe der Bohrung.

2. Die Art und Mächtigkeit der durchfahrenen Gebirge und jede Beobachtung in Bezug auf sein Einfallen. Zusammensetzung der Schichten usw.

3. Der Durchmesser, die Wandstärke und Tiefe der eingebauten Rohrtouren, sowie auch die Art der gebrauchten Rohre.

4. Die Mächtigkeit und Tiefe der angetroffenen wasserführenden Schichten, wobei auch die Natur des Wassers, seine Menge und seine Druckhöhe anzugeben sind.

5. Die Art wie das Wasser abgesperrt wurde mit genauer Beschreibung der Ausführung.

6. Die Teufe, in der Gase, Ölspuren oder irgend ein anderes Anzeichen von Öl bemerkt wird.

b) Ein „Profil“, das graphisch alle im vorher genannten Bohrregister notierten Angaben enthält.

Art. 3. Das Register und das Profil, auf die sich der vorherige Artikel bezieht, sind dem Berginspektor bei jedem seiner Besuche zur Verfügung zu stellen, wobei ihm auch die Bohrjournale zu zeigen sind, sowie jede andere Angabe oder Bericht, die er für notwendig hält, um sein Urteil zu bilden in Bezug auf den Gang der Bohrung.

Art. 4. Unbeschadet der Besuche des Berginspektors muß jedes Auffinden einer wasser- oder ölführenden Schicht demselben sofort mitgeteilt werden, zu den in diesem Reglement angeführten Zwecken.

Art. 5. Während des Ganges der Bohrung sind sämtliche in diesem vorläufigen Reglement vorgesehenen Maßnahmen einzuhalten, wie auch die, welche der Berginspektor als notwendig ansieht für die Sicherheit und den guten Gang der Arbeiten, für die Konservierung des Ölfeldes, für die Entdeckung von Öl und zur Verhinderung eines Brandes oder irgend eines anderen Unglückes.

Art. 6. Unmittelbar nach Durchfahren einer wasserführenden Schicht muß man zur Absperrung derselben schreiten mittels hermetisch abschließender Rohre nach den üblichen Methoden, um das Eindringen des Wassers in die Ölschichten zu verhindern.

Art. 7. Es ist strengstens verboten, die zur Wasserabsperrung benutzten Rohrtouren zu bewegen, zu schneiden oder zu ziehen. ohne vorherige Genehmigung der Berginspektion.

Art. 8. Wenn zwischen zwei aufeinanderfolgenden wasserführenden Schichten kein Ölhorizont sich befindet, kann die Rohrtour, die zur Absperrung der ersten Schicht gedient hat, mit vorheriger Erlaubnis des Berginspektors, auch zur Absperrung der zweiten Schicht dienen. Der Berginspektor entscheidet, ob man solche Operation ohne Nachteile für das Ölfeld bewerkstelligen kann.

Art. 9. Wenn eine Bohrung keine günstigen Ergebnisse gezeitigt hat und man sich entschlossen hat, dieselbe aufzugeben, so kann man die zur Wasserabsperrung dienenden Rohre nicht bewegen, schneiden oder ziehen ohne vorherige Erlaubnis des Berginspektors, welcher ebenfalls bestimmt, auf welche Art und Weise die Bohrung gesperrt werden soll, um mögliche Verwässerungen zu vermeiden.

Art. 10. Wenn trotz der vorgeschriebenen Maßnahmen sich eine Verwässerung bemerkbar macht, sei es, weil das Wasser sich nach einiger Zeit neue Wege durch die zu späte oder schlechte Absperrung gesucht hat, so ist unmittelbar mit größter Eile das Wasser abzusperren. Äußersten Falls können diese Arbeiten offiziell und direkt durch Vermittlung der Bergbehörden ausgeführt werden oder durch die benachbarten, aus diesem Grunde dazu berechtigten Grubenbesitzer.

In beiden Fällen gehen die ausgeführten Arbeiten auf Kosten des schuldigen Grubenunternehmers.

Kapitel III.

Spezialbestimmungen für Maschinen mit Wasserspülungen.

Art. 11. Wenn man Maschinen mit Wasserspülung benutzt, so müssen alle Maßnahmen getroffen werden, um eine eventuelle Zunahme oder Abnahme des eingeführten Wassers unmittelbar nach seinem Ausschluß aus dem Bohrloch festzustellen. Zu diesem Zweck muß jede Bohranlage mit Behältern zur Aufnahme der Spülung versehen sein, die derart aufgestellt sind, daß man augenblicklich jede Volumenänderung feststellen kann.

Art. 13. Wenn die ausfließende Wassermenge größer ist als die eingepumpte, wodurch die Existenz einer wasserführenden Schicht festgestellt erscheint, so hat man sofort die Absperrung derselben in der im Art. 6, vorgeschriebenen Form zu vollziehen.

Art. 14. Wenn die Austrittswassermenge geringer ist als die eingeführte, so hat man das Wasser aus dem Bohrloch zu schöpfen und die entsprechenden Maßnahmen zu treffen, um festzustellen, ob es sich um eine ölführende Schicht, eine Wasserschicht mit geringem Druck, oder um eine wasserabsorbierende Schicht handelt. Im ersten Falle würde man in Übereinstimmung mit dem in Art. 19 Bestimmten vorgehen, in den anderen Fällen die wasserführenden oder durchlässigen Schichten absperren.

Art. 15. In Gebirgen, wo mit häufigen durchlässigen Schichten zu rechnen ist, muß das Bohrloch stets je nach seiner Vertiefung verrohrt werden.

Kapitel VI.

Zu ergreifende Maßnahmen, um nicht eine ölführende Schicht zu durchfahren, ohne sie wahrzunehmen.

Art. 16. Kommt man in ein Gebirge, wo man Grund hat, auf das Vorhandensein von Öl zu schließen, so muß auf alle Fälle die Bohrung trocken fortgesetzt werden, von Wasserspülung ist absolut abzusehen, wenn man mit einem Spülbohrsystem arbeitete.

Der Berginspektor kann in jedem Augenblick Trockenbohrung verlangen, wenn er solches für angezeigt hält.

Art. 17. Bemerkt man bei einer Bohrung, gleichviel welches System man gebraucht, die ersten Anzeichen eines Ölhorizontes, sei es a) durch Eruptionen von Gas, b) durch Tropfen oder Spuren von Öl auf der Oberfläche der Spülung oder in den mit dem Löffel oder durch die Spülung gewonnenen Gebirgsproben, c) durch irgendein anderes Anzeigen (Sande von groben Korn, karakt. Fossilien usw.), so unterbricht man sofort das Bohren und benachrichtigt den Berginspektor.

Art. 18. In keinem der im vorigen Artikel vorgesehenen Fällen darf man die Verrohrung weiterführen, und das Bohren selbst darf nur trocken fortgesetzt werden.

Art. 19. Man trachtet dann so schnell wie möglich, den Wasserdruck auf der Bohrlochsohle zu vermindern, indem man die Wassersäule soweit wie möglich herabzieht und alle Maßnahmen ergreift, um sich von der Bedeutung des entdeckten Ölvorkommens zu überzeugen. — Die Höhe der Wassersäule beim Trockenbohren darf nicht höher sein als nötig ist, um das Eindrücken oder das Festklemmen der Rohre sowie den Nachfall des nicht verrohrten Teiles zu vermeiden.

Art. 20. Die Bergbehörde erklärt nach vorherigem Berichte des Berginspektors, ob rechtwirksame Fündigkeit vorliegt.

Im Falle der Bestätigung der Fündigkeit darf die Bohrung nicht fortgesetzt werden, ohne daß alle nötigen Maßnahmen getroffen sind, um die künftige Ausbeutung der angetroffenen Ölschicht zu sichern.

Kapitel V.

Strafverfügunngen.

Art. 21. Da es sich um allgemeine Dispositionen handelt, die für die Schurf- und Ausbeutungsbohrungen gegeben sind, zur Verteidigung und zum Schutze des öffentlichen Interesses und zur Erhaltung eines Nationalreichtums, und deshalb verhindert werden muß, daß sie nicht befolgt werden, so ist die Strafverfügung, welche im Fall der Nichtbefolgung dieses Reglements zu treffen ist, die Aufhebung der gewährten Schurferlaubnis, und es ist die Behörde davon in Kenntnis zu setzen, zur Feststellung eventueller anderer Verantwortungen, in welche der Unternehmer verfallen wäre.

Art. 22. Die gegenwärtige Verfügung wird dem Administrator oder Chef der Bohrunternehmung durch den Berginspektor zur Kenntnis gebracht, der in der betreffenden Berginspektion zuständig ist.

Literaturverzeichnis.

1. Ambrose, A. W.: Underground conditions in Oil-Fields. U. S. Bureau of Mines, Bull. 195. Washington 1921.
2. Anonym: Die Wassersperrungen in den rumänischen Ölfeldern. Petroleum Bd. 22, Nr. 25, S. 939—941. 1926.
3. Anonym: Verwässerung des Ölgebietes von Hänigsen. Petroleum Bd. 6 Nr. 4, S. 200—201. 1910—11.
4. Arnold,R., u. Garfias, v. R.: The cementing process of excluding water from oil wells as practiced in California. U. S. Bureau of Mines, Technical Paper 32. Washington 1913.
5. Benckendorff, A.: Über Wasserverhältnisse und wasserführende Schichten des apscheroner Ölgebietes. Comptes Rendus, IIIième Congr. internat. du Pétrol., Bd. 2, S. 199—202. Bukarest 1910.
6. Bruderer, W. u., Trnobransky, A.: Der Boryslawer Sandstein, seine Stratigraphie, sein Bau und seine Ölführung im Erdölrevier von Tustanowice. Petroleum Bd. 22, Nr. 25, S. 931—939. 1926.
7. D.: Erfahrungen beim Wasserabschluß im Hänigsen-Obershagener Ölgebiet. Petroleum Bd. 6, Nr. 4, S. 191—193. 1910/11.
8. De Hautpick, E.: The water problem in Maikop wells. Mining Journal Bd. 92, S. 92. 1911.
9. Freystedt, A.: Ölheim. Ein Beitrag zur Kenntnis des Erdölvorkommens in Norddeutschland. Beiträge zur Geol. und Palaeont. von Braunschweig. S. 100—194. 1894.
9a. Gattnar, J.: Die Naphtagesetzgebung in Österreich. Bergrechtl. Blätter Wien Bd. 8, S. 1—47. 1913; auch Petroleum Bd. 8, Nr. 19 ff. 1912—1913.
10. George, W.: Die Anwendbarkeit des Spülbohrens zur Erschließung von Erdöllagerstätten nach den in den hannoverschen Erdölbezirken gemachten Erfahrungen. Z. Berg-, Hütten-, Sal.-Wes. Bd. 60, S. 1—7. 1912.
11. George, W.: Die Anwendung der Wasserspülung in den hannoverschen Erdölbezirken; ein Beitrag zur Klärung der Spülbohrfrage. Petroleum Bd. 8, Nr. 23, S. 1596—1603. 1912—1913.
12. Halder, W.: Zementierungsarbeiten bei Ölbohrungen. Petroleum Bd. 14, Nr. 19, S. 966—971. 1918—1919.
13. Halder, W.: Eine Bohrlochzementierung im Salz. Petroleum Bd. 16, Nr. 6, S. 183b, 187. 1920.
14. Hoisescu, C.: Die unterirdischen Wässer in den Petroleumregionen. Congr. internat. du Pétrole, Bd. 2, S. 199. Bukarest 1910.
15. Iscu, V.: Die Wasserabsperrung bei Tiefbohrungen auf Erdöl. Bukarest 1926.
16. Iscu, V.: Über die Gefahr der Verwässerung von Öllagerstätten und über ihre Vorbeugungsmittel durch die Sedimentationsmethode. Übersetzt von W. Wiechelt. Pumpen- und Brunnenbau, Bohrtechnik Bd. 22, Nr. 9 u. 10, S. 249 ff. 1926.
17. Kauenhowen, W.: Kritsche Betrachtung der Leistungen verschiedener Tiefbohrverfahren in den südrumänischen Erdölgebieten. Internat. Zeitschr. f. Bohrtechnik, Erdölbergbau u. Geologie, 1926, Nr. 12.
18. Kauenhowen, W.: Die unterirdischen Wasserverhältnisse in Erdölfeldern. Petroleum Bd. 22, Nr. 30, S. 1131—1138. 1926.

19. **Kauenhowen, W.**: Über die Ergebnisse einiger Salzwasseranalysen aus hannoverschen Erdölfeldern. Petroleum Bd. 23. 1927.

20. **Knapp, J. N.**: Cementing oil and gas wells. Trans. Am. Inst. Min. Eng. Bd. 48, S. 651—675. 1914.

21. **Lane, A.**: Note on salt water associated with petroleum. Comptes Rendus, 3. Congrès international du pétrole, Bd. 2, S. 203/204. Bukarest 1910.

22. **Laske, E.**: Die Urfehler des hannoverschen Erdölbergbaues und Vorschläge zu deren Beseitigung. Hannover 1924.

23. **Leinweber, B.**: Technische und wirtschaftliche Grundlagen der Erdölgewinnung in Österreich. Petroleum Bd. 4, Nr. 7, S. 373—384. 1908/9.

24. **Lindtrop, N.**: Fiskalischer Naphtaraubbau in Rußland. Petroleum Bd. 8, Nr. 19, S. 1301—1304. 1912/13.

25. **Lindtrop, N.**: Vorschläge für eine Reorganisation des Bohrbetriebes in Baku. Petroleum Bd. 8, Nr. 20, S. 1353—1364. 1912/13.

26. **Logan, L.**: The acquisition of oil and gas rights in the United States. Internat. Bergwirtschaft, Bd. 1, Nr. 6, S. 149—152. 1925/26.

27. **Lupascu, J.**: Zementierung unter Überdruck. Petroleum Bd. 22, Nr. 16, S. 595—599. 1926.

28. **Mc Laughlin, R. P.**: Damage by water in California oil fields. Min. and Eng. World Bd. 40, S. 369—370. 1914.

29. **Mills, R. van A.**: Experimental studies of subsurface relationships in oil and gas fields. Econ. Geol. Bd. 15, Nr. 5, S. 398. 1920.

30. **Mills, R. van A.**: Relations of texture and bedding to the movements of oil and water through sands. Econ. Geol. Bd. 16, Nr. 2, S. 124. 1921.

31. **Mills, R. van A.**: Protection of oil and gas field equipment against corrosion. U. S. Bureau of Mines, Bull. 233. Washington 1925.

32. **Noth, J.**: Über das Erdölvorkommen von Boryslaw-Tustanowice in Galizien und über die Ursachen der Verwässerung eines Teiles dieser Ölfundorte. Mitt. Geol. Ges. Wien Bd. 5, S. 287—300. 1912.

33. **Oatman, F. W.**: Water intrusion and methods of prevention in California oil fields. Trans. Am. Inst. Min. Eng. Bd. 48, S. 527—650. 1914.

34. **Ottetelisianu, P.**: Wasserabschluß bei Erdölbohrungen. Internat. Zeitschr. f. Bohrtechnik, Erdölbergbau u. Geologie Bd. 33, Nr. 3ff. 1925; Bd. 34. 1926ff.

35. **Pfaff, A.**: Die Lagerstätten im Erdölbecken von Boryslaw. Wien-Berlin 1926.

36. **Pois, A.**: Das Erdgas, seine Erschließung und wirtschaftliche Bedeutung. Petroleum 1917.

37. **Pollard, J. A., u. Heggem, A.-G.**: Mud-Laden fluid applied to well drilling. U. S. Bureau of Mines, Technical Paper 66. Washington 1914.

38. **Pollard, J. A., u. Heggem, A.-G.**: Drilling weels in Oklahoma by the mud-laden fluid method. U. S. Bureau of Mines, Technical Paper 68. Washington 1914.

39. Report of the American Petroleum Institute by A Committee of Eleven Members. American Petroleum, Supply and Demand. New York 1925.

40. **Röhrig, E.**: Das Vorkommen des Petroleums mit spezieller Berücksichtigung der Aussichten, welche dasselbe im nordwestlichen Deutschland für die Zukunft bietet. Hannover 1882.

41. **Serebrovsky, A. P.**: American oil and gas industry. London 1924.

42. **Spackeler, G.**: Das Verfüllen von Tiefbohrlöchern. Glückauf Bd. 58, Nr. 25, S. 769—772. 1922.

43. **Spiegelberg, K.**: Die mexikanische Erdölwirtschaft. Petroleum Bd. 22, Nr. 29, S. 1075—1111. 1926.

44. Stein, P.: Über Nutzanwendungen aus der Bakuer Bohrtechnik. Petroleum Bd. 13, Nr. 15, S. 452. 1917/18.
45. Stoller, J.: Erläuterungen zu den Lieferungen 187 und 232 der geol. Spezialkarte von Preußen. 1916 bis 1921.
46. Swigart, Th. u. Beecher, C. E.: Manual for oil and gas operations. U. S. Bureau of Mines, Bull. Nr. 232. Washington 1923.
47. Swigart, Th. u. Bopp, C. R.: Experiments in the use of back pressures on oil wells. U. S. Bureau of Mines, Technical Paper Nr. 322. Washington 1924.
48. Thompson, A. Beeby: Oil-field exploration and development London 1925, 2 Bände.
49. Tough, F. B.: Methods of shutting off water in oil and gas wells. U. S. Bureau of Mines, Bull. Nr. 163. Washington 1918.
50. Uren, L. C.: The elements of oil-well spacing problem. Bull. Am. Assoc. Petroleum Geologists Bd. 9, Nr. 2, S. 193—216. 1925.
51. Uren, L. C.: A textbook of petroleum production engineering. New York 1924.
52. Wiechelt, W.: Die rumänischen Erdöllagerstätten, deren Erbohrung und Ausbeutung. Pumpen- und Brunnenbau, Bohrtechnik. 1926.
53. Zuber, St.: Zur geologischen Praxis in der Erdölindustrie. Sonderabdruck aus: „Internat. Zeitschr. f. Bohrtechnik, Erdölbergbau u. Geologie", Wien 1925.

Verfahren und Einrichtungen zum Tiefbohren. Kurze Übersicht über das Gebiet der Tiefbohrtechnik. Von Ingenieur **Paul Stein.** Zweite, gänzlich umgearbeitete Auflage. Mit 20 Textfiguren und 1 Tafel. IV, 33 Seiten. 1913. RM 1.20

Der Beton. Herstellung, Gefüge und Widerstandsfähigkeit gegen physikalische und chemische Einwirkungen. Von Dr. **Richard Grün,** Direktor am Forschungsinstitut für Hüttenzementindustrie in Düsseldorf. Mit 54 Textabbildungen und 35 Tabellen. X, 186 Seiten. 1926.
RM 13.20; gebunden RM 15.—

Der Zement. Herstellung, Eigenschaften und Verwendung. Von Dr. **Richard Grün,** Direktor am Forschungsinstitut der Hüttenzementindustrie in Düsseldorf. Mit 90 Textabbildungen und 35 Tabellen. IX, 173 Seiten. 1927. Gebunden RM 15.—

Der Aufbau des Mörtels und des Betons. Untersuchungen über die zweckmäßige Zusammensetzung des Betons und des Zementmörtels im Beton. Hilfsmittel zur Vorausbestellung der Festigkeitseigenschaften des Betons auf der Baustelle. Versuchsergebnisse und Erfahrungen aus der Materialprüfungsanstalt an der Technischen Hochschule Stuttgart. Von **Otto Graf.** Zweite, neubearbeitete Auflage. Mit 60 Textabbildungen. VII, 76 Seiten. 1927. RM 7.20

Wasserdurchlässigkeit von Beton in Abhängigkeit von seinem Aufbau und vom Druckgefälle. Von Dr.-Ing. **Gustav Merkle.** (Mitteilungen des Instituts für Beton und Eisenbeton an der Technischen Hochschule in Karlsruhe i. B. Leitung: E. Probst.) Mit 33 Textabbildungen. IV, 66 Seiten. 1927. RM 5.10

Die Grundwasserabsenkung in Theorie und Praxis. Von Privatdozent Dr.-Ing. **Joachim Schultze,** Berlin. Mit 76 Textabbildungen. V, 138 Seiten. 1924. RM 6.—; gebunden RM 7.—

Von der Bewegung des Wassers und den dabei auftretenden Kräften. Grundlagen zu einer praktischen Hydrodynamik für Bauingenieure. Nach Arbeiten von Staatsrat Dr.-Ing. e. h. **Alexander Koch,** s. Zt. Professor an der Technischen Hochschule zu Darmstadt, herausgegeben von Dr.-Ing. e. h. **Max Carstanjen.** Nebst einer Auswahl von Versuchen Kochs im Wasserbau-Laboratorium der Darmstädter Technischen Hochschule zusammengestellt unter Mitwirkung von Studienrat Dipl.-Ing. L. Hainz. Mit 331 Abbildungen im Text und auf 2 Tafeln sowie einem Bildnis. XII, 228 Seiten. 1926. Gebunden RM 28.50

Handbuch der Hydrologie. Wesen, Nachweis, Untersuchung und Gewinnung unterirdischer Wasser: Quellen, Grundwasser, unterirdische Wasserläufe, Grundwasserfassungen. Von Zivilingenieur **E. Prinz,** Berlin. Zweite, ergänzte Auflage. Mit 334 Textabbildungen. XIII, 422 Seiten. 1923.
Gebunden RM 18.—

Technische Hydrodynamik. Von Prof. Dr. **Franz Prášil,** Zürich. Zweite, umgearbeitete und vermehrte Auflage. Mit 109 Abbildungen im Text. IX, 303 Seiten. 1926. Gebunden RM 24.—

Lehrbuch der Bergbaukunde mit besonderer Berücksichtigung des Steinkohlenbergbaues. Von Prof. Dr.-Ing. e. h. **F. Heise,** Direktor der Bergschule zu Bochum, und Prof. Dr.-Ing. e. h. **F. Herbst,** Direktor der Bergschule zu Essen. In 2 Bänden.

Erster Band: Gebirgs- und Lagerstättenlehre. Das Aufsuchen der Lagerstätten (Schürf- und Bohrarbeiten). Gewinnungsarbeiten. Die Grubenbaue. Grubenbewetterung. Fünfte, verbesserte Auflage. Mit 580 Abbildungen und einer farbigen Tafel. XIX, 626 Seiten. 1923.
Gebunden RM 11.—

Zweiter Band: Grubenausbau. Schachtabteufen. Förderung. Wasserhaltung. Grubenbrände. Atmungs- und Rettungsgeräte. Dritte und vierte, verbesserte und vermehrte Auflage. Mit 695 Abbildungen. XVI, 662 Seiten. 1923.
Gebunden RM 11.—

Kurzer Leitfaden der Bergbaukunde. Von Prof. Dr.-Ing. e. h. **F. Heise,** Direktor der Bergschule zu Bochum, und Prof. Dr.-Ing. e. h. **F. Herbst,** Direktor der Bergschule zu Essen. Zweite, verbesserte Auflage. Mit 341 Textfiguren. XII, 224 Seiten. 1921. RM 5.20

Die Bergwerksmaschinen. Eine Sammlung von Handbüchern für Betriebsbeamte. Unter Mitwirkung zahlreicher Fachgenossen herausgegeben von **Hans Bansen,** Dipl.-Bergingenieur, ord. Professor an der Bergschule zu Peiskretscham. In sechs Bänden. Es liegen vor:

Dritter Band: **Die Schachtfördermaschinen.** Zweite, vermehrte und verbesserte Auflage, bearbeitet von **Fritz Schmidt** und **Ernst Förster.**
3 Teile in einen Band gebunden RM 31.50

I. Teil: Die Grundlagen des Fördermaschinenwesens. Bearbeitet von Dr. Fritz Schmidt, Privatdozent an der Technischen Hochschule Berlin. Mit 178 Textabbildungen. VIII, 209 Seiten. 1923. RM 8.40

II. Teil: Die Dampffördermaschinen von Dr. Fritz Schmidt, Professor an der Technischen Hochschule Berlin. Mit 231 Abbildungen im Text. VII, 291 Seiten. 1927. RM 15.—

III. Teil: Die elektrischen Fördermaschinen. Von Prof. Dr.-Ing. Ernst Förster, Magdeburg. Mit 81 Abbildungen im Text und auf 1 Tafel. VII, 154 Seiten. 1923. RM 6.—

Sechster Band: **Die Streckenförderung.** Von Dipl.-Bergingenieur Hans Bansen. Zweite, vermehrte und verbesserte Auflage. Mit 593 Textfiguren. XII, 444 Seiten. 1921. Gebunden RM 18.—

Lehrbuch der Bergwerksmaschinen. (Kraft- und Arbeitsmaschinen.) Von Dr. **H. Hoffmann,** Ingenieur, Bochum. Mit 523 Textabbildungen. VIII, 372 Seiten. 1926. Gebunden RM 24.—

Hebe- und Förderanlagen. Ein Lehrbuch für Studierende und Ingenieure. Von Dr.-Ing. e. h. **H. Aumund,** ordentl. Professor an der Technischen Hochschule Berlin. Zweite, vermehrte Auflage.

Erster Band: **Allgemeine Anordnung und Verwendung.** Mit 414 Abbildungen im Text. XX, 444 Seiten. 1926. Gebunden RM 33.—

Zweiter Band: **Anordnung und Verwendung für Sonderzwecke.** Mit 306 Abbildungen im Text. XVIII, 480 Seiten. 1926. Gebunden RM 42.—

Ⓦ**Berg- und Hüttenmännisches Jahrbuch der montanistischen Hochschule in Leoben.** Schriftleitung: Prof. Dr. **Hans Fleißner,** Prof. Dr. **Wilhelm Petrascheck,** Oberbergrat Ing. **Ludwig Sterba.** Erscheint vierteljährlich. Umfang des einzelnen Heftes etwa 48 Seiten.
Bezugspreis jährlich RM 21.60